PEIDIAN ZIDONGHUA JISHU WENDA

配电自动化
技术问答

国网甘肃省电力公司电力科学研究院　组编

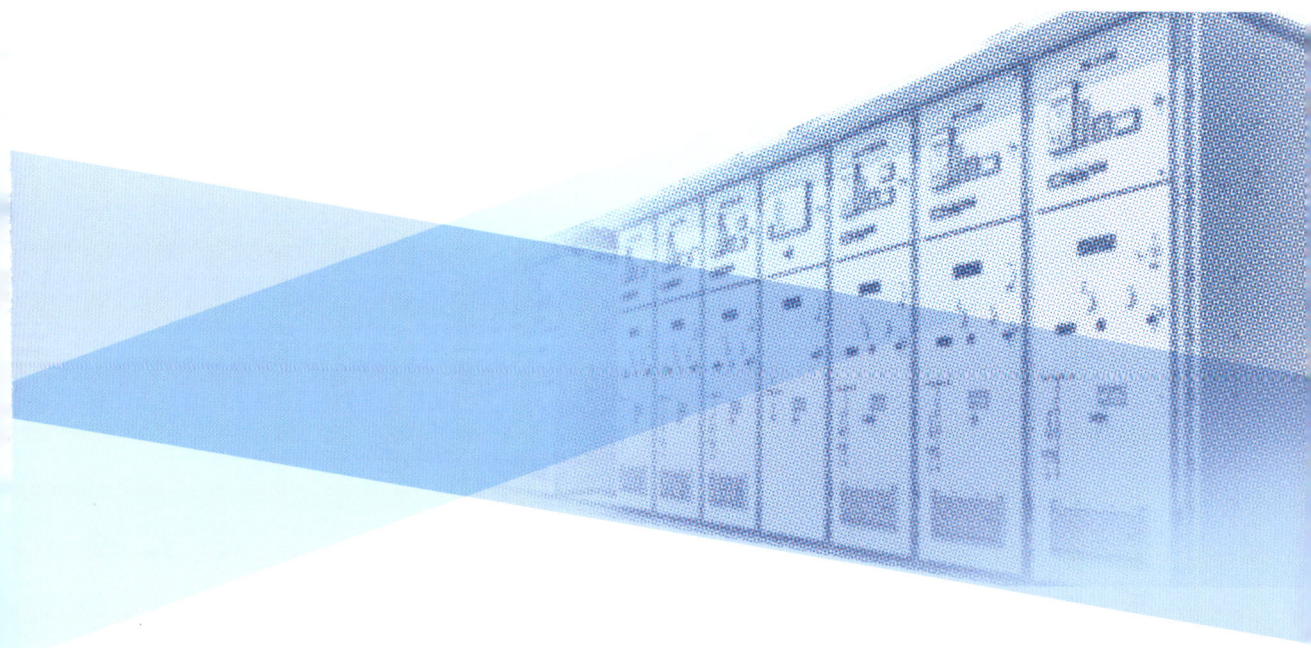

中国电力出版社
CHINA ELECTRIC POWER PRESS

内 容 提 要

随着新型电力系统建设步伐加快，分布式能源接入、电动汽车规模化应用、用户侧需求多样化等新挑战对配电自动化技术提出了更高要求。在这一背景下，国网甘肃省电力公司电力科学研究院组织编制而成《配电自动化技术问答》一书。

本书内容涵盖配电自动化技术的基础概念及其在工程中的应用，主要内容包括配电自动化基础知识、配电自动化主站、配电自动化终端和全过程管控 4 章。同时，为便于一线运维人员开展上述设备日常调试、运维，本书还设置了台区智能融合终端、馈线终端调试标准化作业手册等 3 个附录。

本书可供从事配电自动化专业的技术人员和管理人员学习使用，也可作为相关专业师生的参考资料。

图书在版编目（CIP）数据

配电自动化技术问答/国网甘肃省电力公司电力科学研究院组编. -- 北京：中国电力出版社，2025.6. -- ISBN 978 - 7 - 5198 - 9946 - 2

Ⅰ. TM76 - 44

中国国家版本馆 CIP 数据核字第 2025EV4384 号

出版发行：中国电力出版社
地　　址：北京市东城区北京站西街 19 号（邮政编码 100005）
网　　址：http://www.cepp.sgcc.com.cn
责任编辑：翟巧珍（806636769@qq.com）
责任校对：黄　蓓　马　宁
装帧设计：郝晓燕
责任印制：石　雷

印　　刷：三河市万龙印装有限公司
版　　次：2025 年 6 月第一版
印　　次：2025 年 6 月北京第一次印刷
开　　本：787 毫米×1092 毫米　16 开本
印　　张：12.25
字　　数：261 千字
印　　数：0001—1000 册
定　　价：80.00 元

编 委 会 名 单

在能源革命与数字技术深度融合的今天，电力系统的智能化转型已成为全球能源发展的核心方向。作为电力系统的重要组成部分，配电网络承担着电能安全、高效、可靠输送的关键任务。随着新型电力系统建设步伐加快，分布式能源接入、电动汽车规模化应用、用户侧需求多样化等新挑战对配电自动化技术提出了更高要求。在这一背景下，《配电自动化技术问答》应运而生，旨在为从业者、研究者及爱好者提供一本系统化、实用化的技术参考指南。

本书以问答形式梳理了配电自动化的核心技术要点，内容涵盖基础概念到工程应用，内容兼具理论深度与实践价值。在编写过程中，编者充分考虑到不同层次读者的需求，力求通过简洁明了的语言、结构清晰的问答形式，对基础概念进行解释的同时，对关键技术细节深度阐述，力求实现"从入门到精通"的全维度覆盖，帮助读者快速掌握配电自动化技术的核心知识，提高解决现场实际问题的能力，促进配电自动化实用化水平提升。

全书主要内容包括：第1章梳理配电自动化基础知识，详细介绍配电自动化基本概念等；第2章围绕配电自动化主站，深入讲解主站系统架构、功能及管理维护；第3章详细介绍了配电自动化终端的分类、功能应用及日常运维管理；第4章结合实际工作经验，从配电自动化需求设计、招标采购、质量管控、现场验收、设备安装调试、安全防护、缺陷及故障处理等多个维度，探讨配电自动化系统全过程管控。同时，编制了台区智能融合终端调试接入标准化作业手册、馈线终端调试接入标准化作业手册、二遥架空远传外施信号型故障指示器现场调试手册3个附录，为一线运维人员开展上述设备日常调试、运维提供参考。

本书编写团队由国网甘肃省电力公司电力科学研究院、国网甘肃省电力公司天水供电公司的相关配电自动化专业技术人员组成。牛继恩、王锋、李全茂负责全书内容审核及定稿；范迪龙、支瑞峰、李玺、马振祺、马建文、张光儒负责全书编写架构和大纲制定；第1章由张光儒、李雪垠、满建越、黄亚飞、张家午、陈青云负责编写；第2章由李岩、陈杰、徐保红、任浩栋、于龙、唐和明、张艳丽、张一峰负责编写；第3章由刘彬煜、张少鹏、王毅斌、周家戌、张婷婷、高磊负责编写；第4章由张应红、朱亮、李震霖、左琪刚、杨壮、王晓龙负责编写；付子奇、张鹏、杨军亭、张宇、王立东、张洪吉、赵立、杨旭锋、张雄负责全书现场案例搜集和图片素材获取。

本书既可作为电力行业技术人员的工具书，也可作为相关配电自动化专业的培训参考资料。

书中所介绍的内容可能有所欠缺，恳请读者理解，并衷心希望广大读者提出宝贵的修改意见。

编　者

2025 年 4 月

目　录

1 配电自动化基础知识

1.1 基 本 概 念

1.1.1 什么是配电自动化?

答:配电自动化(DA)是指以配网一次网架和设备为基础,综合利用计算机、信息、通信等技术,并通过与相关应用系统的信息集成,实现对配网的监测、控制和快速故障隔离,为配电管理系统提供实时数据支撑。

1.1.2 什么是配电自动化系统?

答:配电自动化系统(DAS)是实现配网运行监视和控制的自动化系统,具备配电数据采集与监视控制系统(SCADA)、故障处理、分析应用及与相关应用系统互连等功能,主要由配电自动化系统主站、配电自动化系统子站、配电自动化终端和通信网络等部分组成。

1.1.3 什么是配电管理系统?

答:配电管理系统是运用计算机、信息及通信等技术,以信息交互为基础,通过实时监控、运行管理、维修管理、设备管理、规划设计、用电服务等应用,实现对配网全过程综合管理的应用系统。

1.1.4 什么是配电 SCADA?

答:配电数据采集与监视控制系统,也称 DSCADA,是指配电主站通过人机交互,实现配网的运行监视和远方控制等最基本的功能,为配网调度运行和生产指挥提供服务。

1.1.5 什么是配电地理信息系统?

答:配电地理信息系统(GIS)是采集、模拟、处理、检索、分析和表达配网空间数据的计算机系统。因配网节点多、设备分散,其运行管理工作常与地理位置有关,将

GIS 与一些属性数据库结合，可以更加直观地进行管理。

1.1.6　配电自动化系统的基本功能包括哪些?

答：配电自动化系统的基本功能包括故障监测功能、控制功能、保护功能等。

1.1.7　什么是馈线自动化?

答：利用自动化装置或系统，监视配网运行状况，及时发现配网故障，实现故障区域定位、隔离定位，恢复对非故障区域供电。

1.1.8　馈线自动化的功能有哪些?

答：馈线自动化的功能包括馈线运行数据的采集与监控，故障定位、隔离及非故障区域自动恢复供电，无功补偿调压，报表、对时等。其中故障定位、隔离及自动恢复供电是最重要的一项功能。

1.1.9　馈线自动化实现模式有哪些?

答：馈线自动化可采取就地型、集中型和分布式实现模式，实际使用可能是其中一种模式或混合模式。

（1）就地型：在配网发生故障时，不需要配电主站、配电子站和配电终端配合，通过终端时序配合隔离故障，恢复非故障区域供电。

（2）集中型：在配网发生故障时，借助通信手段，通过配电终端和配电主站/子站的配合，判断故障区域，并通过遥控或人工隔离故障，恢复非故障区域供电。集中型馈线自动化包括全自动方式和半自动方式。

（3）分布式：在配网发生故障时，不需要配电主站或配电子站控制，通过配电终端之间的相互通信和保护配合，判断故障区域并隔离故障，恢复非故障区域供电，并上报处理过程及结果。

1.1.10　故障处理过程包括什么?

答：故障处理过程包括故障定位、故障区域隔离、非故障区域恢复供电、恢复正常运行方式。

1.1.11　什么是一遥、二遥、三遥?

答：一遥是指遥信，二遥是指遥信和遥测，三遥是指遥信、遥测和遥控。

1.1.12　遥信、遥测和遥控分别是什么?

答：遥信（YX）即远程信号，是指运用通信技术完成对设备状态信息的远程监视，如开关位置、报警信号等离散变化数字量的上传。遥测（YC）即远程测量，是指运用通信技术把模拟变量的值（即电压、电流、功率等连续变化的模拟量）传输到配电主站。遥控（YK）即远程切换，是指运用通信技术对具有两个确定状态的运行设备所进行的远程操作，即数字量的输出，如控制断路器的分合。

1.2 主站相关概念

1.2.1 什么是配电自动化主站?

答：配电自动化主站是配电自动化系统的核心部分，主要由计算机硬件、操作系统、支撑平台和配网应用软件组成。其中支撑平台包括系统数据总线和平台的多项基本服务，配网应用软件包括配电 SCADA 等基本功能及电网分析应用、智能化应用等扩展功能，支持通过信息交互总线实现与其他相关系统的信息交互。

1.2.2 主站具备什么功能?

答：配电主站功能分为公共平台服务、配电 SCADA 功能、馈线故障处理、配网分析应用和智能化功能。这些功能又可以归类为基本功能和扩展功能。

（1）基本功能。基本功能包括数据采集、数据处理、事件顺序记录、事故追忆/回放、系统时间同步、控制与操作、防误闭锁、故障定位、配电终端在线管理和配电通信网络工况监视、与上一级电网调度自动化系统（一般指地调）互联、网络拓扑着色等。

（2）扩展功能。

1）馈线故障处理：与配电终端配合，实现故障的自动隔离和非故障区域恢复供电。

2）与其他应用系统互联及互动化应用：通过系统间互联，整合相关信息，扩展综合性应用。

3）配网分析应用：网络拓扑分析、状态估计、潮流计算、合环分析、负荷转供、负荷预测等。

4）智能化功能：配网自愈（快速仿真、预警分析）、分布式电源/储能装置的运行控制及应用、经济优化运行，以及与其他智能应用系统的互动等。

1.2.3 什么是配电自动化子站？

答：为优化系统结构层次、提高信息传输效率、便于配电通信系统组网而设置的中间层，实现所辖范围内的信息汇集、处理或配网区域故障处理、通信监视等功能。

1.2.4 配电自动化子站分为几类? 各具备什么功能?

答：分为通信汇集型子站和监控功能型子站。

通信汇集型子站功能包括终端数据的汇集、处理与转发、远程通信、终端的通信异常监视与上报、远程维护和自诊断。

监控功能型子站除应具备通信汇集型子站的功能外，还包括当所辖区域内的配电线路发生故障时，子站应具备故障区域自动判断、隔离及非故障区域恢复供电的能力，并将处理情况上传至配电主站，实现信息存储和人机交互。

1.2.5 什么是配网故障定位系统?

答：配网故障定位系统基于配电线路故障指示器、单相接地故障检测技术和现代通信技术，对配网线路的短路和单相接地故障进行监测。在配网故障后，能够将故障线路和故障地点等信息通过网络传送至控制中心，显示出故障区段和故障时间的指示信息，指导运检人员第一时间赶赴故障现场，排除故障，恢复正常供电，提高供电可靠性。

1.2.6 配网故障定位系统具有什么功能?

答：配网故障定位系统功能包括配电数据采集与处理、模型/图形管理、台账管理、系统监视和告警系统设备监视、系统时钟管理、系统权限管理等功能。

1.2.7 什么是信息交互?

答：信息交互是系统间的信息交换与服务共享。

1.2.8 什么是信息交换总线?

答：信息交换总线是遵循 IEC 61968《电气设施的应用集成》系列标准、基于消息机制的中间件平台，支持安全跨区信息传输和服务。

1.3 终 端 相 关 概 念

1.3.1 什么是配电自动化终端?

答：配电自动化终端是安装在配网现场的各类远方监测、控制单元的总称，是配电自动化系统的基本组成单元，具备数据采集、控制、通信等功能。

1.3.2 常用的配电自动化终端有哪些?

答：常用的配电自动化终端主要有站所终端、馈线终端、故障指示器、台区智能融合终端等。

1.3.3 什么是站所终端?

答:站所终端是安装在配网开关站、配电室、环网柜、箱式变电站等处,用于对上述设备进行监测与控制的终端。站所终端按照功能分为"三遥"终端和"二遥"终端,其中"二遥"终端又可分为标准型终端和动作型终端。按照结构可分为组屏式终端和遮蔽式终端等。

1.3.4 什么是馈线终端?

答:馈线终端是安装在 10kV 配网架空线路杆塔等处,用于对柱上开关进行监测与控制的终端。馈线终端按照功能可分为"三遥"终端和"二遥"终端,其中"二遥"终端又可分为基本型终端、标准型终端和动作型终端;按照结构可分为罩式终端和箱式终端。

1.3.5 什么是台区智能融合终端?

答:台区智能融合终端又指配电变压器终端,用于配电变压器的各种运行参数的监视、测量等。智能融合终端是智慧物联体系"云管边端"架构的边缘设备,具备信息采集、物联代理及边缘计算功能,支撑营销、配电及新兴业务。它采用硬件平台化、功能软件化、结构模块化、软硬件解耦、通信协议自适配设计,满足高性能并发、大容量存储、多采集对象需求,集配电台区供用电信息采集、各采集终端或电能表数据收集、设备状态监测及通信组网、就地化分析决策、协同计算等功能于一体。

1.3.6 什么是配电线路故障指示器? 它有哪些分类?

答:配电线路故障指示器是安装在配电线路上,用于监测线路故障、线路负荷等信息,具有就地故障指示、信息远传和故障录波等功能的监测装置,由采集单元和汇集单元组成。采集单元安装在配电线路上,能判断并就地指示短路和接地故障,可采集线路负荷等信息,同时能将采集的信息上传至汇集单元。汇集单元与采集单元配合使用,通过无线通信等方式接收采集单元采集的配电线路故障、负荷等信息,并将信息上传至主站,同时可接收或转发主站下发的相关信息。

故障指示器按照功能可分为"一遥"终端和"二遥"终端,按照应用对象可分为架空型、电缆型和面板型,按照接地检测方法可分为外施信号型、暂态特征型、暂态录波型和稳态特征型等。

1.3.7 什么是单相接地信号源?

答:单相接地信号源在配网正常运行时实时监测系统电压,当线路发生单相接地故障时,自动控制信号源内部开关设备投切,在故障线路的负荷电流上叠加具有明显特征的工频电流信号序列，用于辅助故障指示器或配电自动化远方终端识别单相接地故障。

1.4 配电自动化通信相关概念

1.4.1 什么是配电自动化通信系统?

答：配电自动化通信系统是指提供数据传输通道实现配电主站与配电终端信息交换的通信系统，包括配电通信网管系统、通信设备和通信通道。

1.4.2 什么是骨干层通信网络?

答：配电主站与配电子站之间的通信通道为骨干层通信网络，应具备路由迂回能力和较高的生存性，原则上应采用光纤传输网，在条件不具备的特殊情况下，也可采用其他专网通信方式作为补充。

1.4.3 什么是接入层通信网络?

答：配电主站或配电子站至配电终端的通信通道为接入层通信网络，该网络可综合采用光纤专网、配电线载波、无线等多种通信方式实现统一接入、统一接口规范和统一管理，并支持以太网和标准串行通信接口。

1.4.4 通信系统常见的分类方式有哪些?

答：按照信号方式的不同，通信系统可分为模拟通信系统和数字通信系统；按照传输媒介的不同，通信系统可分为有线通信系统和无线通信系统。

1.4.5 常见的通信方式有哪些?

答：常见的通信方式有光纤通信、电力线载波、无线公网、无线专网、串口通信、卫星通信等多种方式。

1.4.6 什么是光纤通信?

答：光纤通信是以光波为传输导体，以光导纤维为传输介质的通信方式，主要由电端机（发）、光端机（发）、光缆、光中继装置、光端机（收）、电端机（收）组成。

1.4.7 什么是电力线载波通信?

答：电力线载波通信是以要传输信息路径相同的电力线路为传输媒介，通过结合滤波设备，将要传输的数据等低频电压信号转变为能在高压线路上传输的高压高频信号，在线路上传输并在接收端将信号还原的一种通信方式。

1.4.8　什么是无线公网通信?

答：无线公网通信是利用公共的无线网络资源进行信息交换的通信方式，无线公网通信技术主要有 GPRS、CDMA、2G、3G、4G、5G 等。

1.4.9　什么是无线专网通信?

答：无线专网通信是利用专用的无线网络资源进行信息交换的通信方式，无线专网通信技术主要有窄带数传电台、扩频电台、WiMAX 和 McWiLL 等。

1.4.10　什么是模拟通信?

答：模拟通信是利用正弦波的幅度、频率和相位的变化，或者利用脉冲的幅度、宽度或位置变化来模拟原始信号，以达到通信的目的。

1.4.11　什么是数字通信?

答：数字通信是用数字信号作为载体来传输消息，或用数字信号对载波进行数字调制后再传输的通信方式，按照数字信号代码传输顺序和传输信道数量的不同，数字通信可分为并行通信和串行通信两种方式。

1.4.12　什么是并行通信?

答：并行通信是将代表信息的数字序列以成组的方式在两条或两条以上的并行信道上同时传输的通信方式。

1.4.13　什么是串行通信?

答：串行通信是将代表信息的数字序列以串行方式依次在一条信道上传输的通信方式，常用的接口标准有 RS-232 接口、RS-422 接口、RS-485 接口。

1.4.14　什么是 RS-232?

答：RS-232 是美国电子工业协会 1969 年修订的标准，定义了数据终端设备与数据通信设备之间的物理接口标准，具备传输距离短、传输速率低等特点。

1.4.15　什么是 RS-422?

答：为改进 RS-232 通信传输距离短、传输速率低的缺点，RS-422 定义了一种平衡通信接口，将传输速率提高到 10Mbit/s，传输距离延长到 4000ft（1ft＝0.3048m），并允许在一条平衡总线上连接最多 10 个接收器，可实现单机发送、多机接收的单相、平衡传输。

1.4.16　什么是 RS-485?

答：RS-485 是在 RS-422 基础上制定的，可实现多点、双通信功能，即允许多个发送器连接到同一条总线上，同时增加了发送器的驱动能力和冲突保护机制。

1.4.17　什么是 RJ45?

答：RJ45 是布线系统中信息插座（即通信引出端）连接器的一种，连接器由插头（接头、水晶头）和插座（模块）组成，这两种元器件组成的连接器连接于导线之间，以实现导线的电气连续性。

1.4.18　什么是通信协议?

答：通信协议是双方实体为完成通信或服务所必须遵循的规则和约定。协议定义了数据单元的使用格式、信息单元应该包括的信息与含义、连接方式、信息发送和接收的时序，从而确保网络中的数据顺利地传送到确定的地方。

1.4.19　常见的通信协议有哪些?

答：常见的通信协议主要有 IEC 60870-5-101 规约（简称 IEC 101 规约）、IEC 60870-5-104 规约（简称 IEC 104 规约）、IEC 61850、消息队列遥测传输（message queuing telemetry transport，MQTT）规约等。

1.4.20　什么是 IEC 101 规约?

答：IEC 101 规约包括平衡式和非平衡式两种传输模式，在点对点和多个点对点的双全工通道结构中采用平衡式传输方式，在其他通道结构中只采用非平衡式传输方式。平衡式传输方式中 IEC 101 规约是一种"问答＋循环"式规约，即主站端和子站端都可以作为启动站。而非平衡式传输方式中 IEC 101 规约是问答式规约，只有主站端可以作为启动站。其报文格式包括固定帧长格式和可变帧长格式，固定帧长报文格式见表 1.4-1。

表 1.4-1　　　　　　　　　　　IEC 101 规约固定帧长格式

序号	固定帧长格式
1	启动字符（10H）
2	控制域（C）
3	链路地址域（A）
4	帧校验和（CS）
5	结束字符（16H）

其中，链路地址域为子站站址；帧校验和是控制、地址、用户数据区所有字节的算术和。可变帧长报文格式见表 1.4-2。

表 1.4-2 IEC 101 规约可变帧长格式

序号	可变帧长格式
1	启动字符（10H）
2	长度（L）
3	长度重复（L）
4	启动字符（68H）
5	控制域（C）
6	启动字符（68H）
7	链路地址域（A）
8	链路用户数据（可变长度）
9	帧校验和（CS）
10	结束字符（16H）

其中，长度 L 包括控制域、地址域、用户数据区的字节数。

1.4.21 什么是 IEC 104 规约?

答：IEC 104 规约由 IEC 101 规约演化而来，一般采用网络 TCP 通道，标准的端口号为 2404，由 IANA—互联网数字分配授权和定义，也可根据需要自行确定，其报文格式见表 1.4-3。

表 1.4-3 IEC 104 规约格式

序号	格式
1	启动字符 68H
2	应用规约数据单元（APDU）长度（最大为 253）
3	控制域八位位组 1
4	控制域八位位组 2
5	控制域八位位组 3
6	控制域八位位组 4
7	应用服务数据单元（ASDU）

其中，启动字符 68H 定义了数据流中的起点，APDU 长度＝ASDU 的字节长度＋4个控制字节，根据控制字节的内容可分为三类报文，即编号信息传输类型（I 格式）、编号的监视功能类型（S 格式）、未编号的控制功能类型（U 格式）。其中，I 格式用于传输含有信息体的报文和确认对方 I 格式的信息报文；S 格式用于传输对站端的确认报文；U 格式用于传输控制命令的报文。

1.4.22　什么是 IEC 61850 规约?

答:IEC 61850 规约是解决变电站自动化系统功能与通信的互联互通的协议,涉及水电厂、分布式电源、变电站之间、变电站和控制中心之间等的通信,为变电站自动化提供了统一的标准,实现了不同智能设备之间的无缝接入。引入 IEC 61850 采用统一的模型、统一的接口,可以实现配电主站与配电终端及不同配电终端之间的互操作,从而解决大量配电终端的有效接入问题,减少维护工作量。

1.4.23　什么是 MQTT 规约?

答:MQTT 规约是一个物联网传输协议,主要用于轻量级的发布/订阅式消息传输,由信息发布者(Publish)、代理(Broker)和订阅者(Subscribe)组成。其中,消息的发布者和订阅者都是客户端,消息代理是服务器,消息发布者可以同时是订阅者。

1.5　配电自动化安全防护相关概念

1.5.1　配电自动化系统安全防护要求有什么?

答:(1)配电自动化系统应满足《电力二次系统安全防护规定》(国家电力监管委员会第 5 号令)及配网安全防护相关技术要求。

(2)配电终端与主站的通信采用单向认证防护技术,使用基于非对称加密技术的单向身份认证措施,实现控制和参数设置数据报文的完整性保护和主站身份鉴别,同时添加时间标签(或随机数)保证控制数据报文的时效性。

(3)在子站/终端设备上配置安全模块,对来源于主站系统的控制命令和参数设置指令采取安全鉴别与数据完整性验证措施,以防范冒充主站对子站终端进行攻击,恶意操作电气设备。

(4)主站前置机配置安全模块,对下行控制命令与参数设置指令进行签名,实现子站/终端对主站的身份鉴别。

1.5.2　配电终端的安全防护要求有哪些?

答:(1)配电终端应满足《电力监控系统安全防护规定》(国家发展改革委令第 27 号)、《电力监控系统安全防护总体方案》(国能安全〔2015〕36 号)中相应的安全防护要求。

(2)配电终端应具备基于数字证书的认证功能:

1)配电终端应采用基于数字证书的认证技术,具备与配电主站的双向身份鉴别功能。

2）在配置安全接入网关时，配电终端应采用基于数字证书的认证技术，具备与安全接入网关的双向身份鉴别功能。

3）配电终端应采用基于数字证书的认证技术，具备与运维工具的单向身份鉴别功能。

（3）配电终端应具备交互业务数据保密功能：

1）配电终端应采用基于国产商用密码算法的加密技术，具备与主站交互的遥信、遥测、遥控等业务数据的机密性保护功能。

2）配电终端应采用基于国产商用密码算法的加密技术，具备与运维工具交互数据的机密性保护功能。

（4）配电终端应具备交互数据的完整性、抗抵赖及时效性验证功能：

1）配电终端应采用国产商用密码算法对交互的业务数据具备完整性保护功能。

2）配电终端应对来源于配电主站的遥控、参数设置、远程程序升级等命令具备安全鉴别和数据完整性验证功能。

3）配电终端应对来源于配电主站的遥控、远程程序升级等命令具备时效性验证功能。

（5）配电终端应对来源于配电主站的遥控、参数设置、远程程序升级等命令具备重放报文验证功能。

1.5.3 配电自动化系统网络安全监测平台有什么功能？

答：安全监测平台具备与配电自动化系统主站的数据采集和交换功能。

（1）主站数据采集：包括服务器及工作站、数据库、安全防护设备。

（2）通信网络数据采集：包括网络设备、配电专用安防设备、通用安防设备。

（3）终端数据采集：通过通信网络层防护设备实现数据采集，支持网络流量采集装置采集终端上行流量信息；支持集成漏洞扫描设备等方式实现漏洞及端口信息采集。

此外还具备安全数据处理、安全态势展示、安全态势预测、数据安全分析、安全基线核查、安全告警和安全审计等功能。

2 配电自动化主站

2.1 配电自动化云主站

2.1.1 什么是云主站?

答：云主站是应用云计算、大数据及移动互联网等技术，构建的适用于中低压配网设备运维与接入需求的配电自动化主站系统。云主站是由商用组件、开源组件、自产实时监控平台组件构成的混合型省级配电主站系统，包含配网运行监控与运行状态管控类微服务和微应用，实现海量终端数据管理、设备管理、应用管理，满足业务功能分责、分权、分区管理，支撑配网调度与运维管理，实现多类数据沉淀，为开展配网大数据分析决策类应用提供支撑。

2.1.2 云主站的系统架构是什么样的?

答：配电云主站在硬件层面不再单独配置服务器、存储等资源，将统一由云计算、存储、网络虚拟化池进行系统所需资源的弹性部署和动态分配。配电云主站总体架构包括资源层（IaaS）、平台层（PaaS）和应用层（SaaS），其中资源层（IaaS）包括计算资源池、存储资源池、网络资源池、安全资源池；平台层（PaaS）包括基础层、物联管理平台、业务中台和数据中台；应用层（SaaS）包括设备状态管控、故障定位分析、自动化运维、低压运维管控、新能源接入、新业态创新业务等。

2.1.3 配电自动化云主站的硬件架构是怎样的?

答：由服务器、交换机、防火墙、路由器、数据隔离组件及加密机组成，其中服务器、防火墙及交换机用于搭建云平台，路由器、加密机及数据隔离组件用于终端接入网络安全防护。

2.1.4 云主站的软件及其功能有哪些?

答：云主站主要涉及软件有国产 Linux 操作系统、国产达梦数据库、华为云管理平台、CDH 大数据平台、K8S 容器管理平台、IoT 物联管理平台、D5000 数据采集分析平台、ES 告警服务、Opentsdb 采样服务、Redis 数据缓存集群、kafka 消息转发集群。其中，操作系统为云平台的基础要件，国产达梦数据库为 D5000 数据采集分析平台及 IoT 物联管理平台提供数据存储服务，CDH 大数据平台负责数据的 Spark 流式计算，K8S 容器管理平台主要用于云主站应用服务部署及管理，IoT 物联管理平台主要用于低压终端注册及接入，Redis 数据缓存集群负责实时数据缓存及快速读取，kafka 消息转发集群负责准实时消息接收及转发，ES 告警服务提供实时及非实时海量告警服务，Opentsdb 采样服务负责对写入 Redis 数据缓存集群的遥测数据进行定时采样。

2.1.5　云主站的高级功能有哪些?

答：云主站支持全/半自动主站集中式馈线自动化分析、综合故障研判分析、遥信遥测数据质量管控、配电自动化缺陷分析、配电自动化线路运行分析、配电终端管理、智能告警服务、配网供电能力分析评估、配网运行趋势分析、配网状态估计、配网线路负荷预测等。

2.2　主　站　管　理

2.2.1　云主站设备台账信息如何管理?

答：云主站系统部署配网图模维护工具，实现对配网中低压设备台账维护以及 10kV 单线图的维护，详情如下：

（1）导航树功能展示省市县厂站、馈线、低压台区、低压设备（配电箱、低压分线、低压母线、低压开关、低压馈线段、低压负荷、低压电容器、低压电源、低压终端、低压用户），点击导航树组织单位右侧显示基本信息、当前节点下的设备列表、接线图。

（2）图模维护信息展示：当前导航树节点基本信息展示，设备列表显示，接线图展示。

（3）图模维护新增设备：导航树选中节点，右键支持增加、基本信息界面添加按钮、设备列表中添加按钮，点击可实现添加对应设备。

（4）图模维护修改设备：导航树选中节点，基本信息界面修改按钮、设备列表中修改按钮，点击可修改对应设备信息。

（5）图模维护删除设备：导航树选中节点，右键支持删除、基本信息界面删除按钮、设备列表中删除按钮，点击删除对应设备。

2.2.2　云主站的图模型从哪来?

答：云主站的图模型文件有以下两个获取途径：

（1）云主站通过 PMS3.0 或图模中心的图模接口获取图模型文件，通过云主站提供的图模导入工具进行图模导入，从而获得图模型数据。

（2）云主站通过与各地市之间的 $N+1$ 数据同步接口获取地市配电主站的全量图模型数据，通过专用的图模型解析工具将地市图模型写入云主站。

2.2.3 云主站的系统应用如何管理及维护？

答：（1）云主站的系统应用应交由系统厂家或经过系统厂家培训的专业运维人员进行系统应用维护，各地市及下属人员仅有部分系统数据录入及修改权限，权限最低可至班组，页面区分最细至区县，人员权限通过预先设置的角色进行划分，同一用户可具备多个不同角色（涉及同一流程且上下级属性有冲突的角色除外）。

（2）目前涉及流程的仅有图模导入功能模块的红黑图流程，以及缺陷管理模块的工单处理流程。

（3）云主站有专业的指标分析模块，用于中低压终端的在线率、"三遥"准确率、自动化覆盖率等多个指标的数据分析。

3 配电自动化终端

3.1 终 端 介 绍

3.1.1 故障指示器原理是什么?

答:故障指示器是一种安装在架空线路上,完成线路负荷电流、短路、接地故障检测的装置。当故障指示器的采集单元监测到线路发生短路或接地故障时,可将故障电流及故障信息发送给汇集单元,同时触发翻牌和闪光指示,汇集单元接收到故障信息可以进一步上传给主站,主站根据各汇集单元上传的故障信息、电流值来判断故障区段和故障类型。

3.1.2 单相接地信号源的工作原理是什么?

答:单相接地信号源工作原理示意图如图 3.1-1 所示。当线路上某处发生接地故障

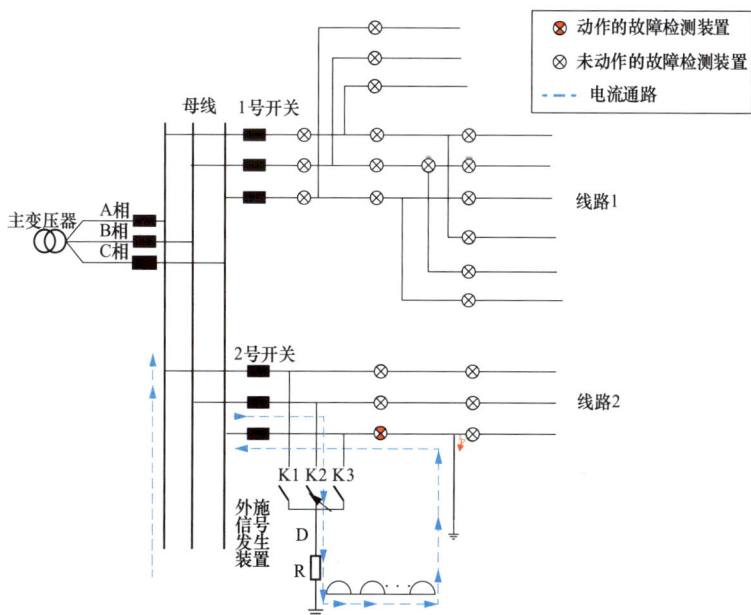

图 3.1-1 单相接地信号源工作原理示意图

时，装在线路上的单相接地信号源检测到零序电压升高、接地相对地电压降低、非故障相对地电压升高，即向故障线路注入特征电流，安装在线路上的故障检测装置检测到该信号后，即检测出故障线路和位置，从而实现接地选线和定位。

3.1.3 馈线终端的主要功能什么？

答：馈线终端（feeder terminal unit，FTU）主要具备：遥信功能、遥测功能、遥控功能、对时功能、统计功能、事故记录功能、自检和自恢复功能、远方控制闭锁与手动操作功能、通信功能、各种馈线自动化模式及继电保护等功能。

3.1.4 馈线终端主供电源一般采用哪些方式供电？

答：馈线终端主供电源宜采用电压互感器（TV）供电、外部交流电源供电、后备电源供电。

3.1.5 馈线终端主供电源消失后如何实现备用电源投入？

答：当主供电源供电不足或消失时，电源模块应能自动无缝切换到后备电源供电并发出告警信号。

3.1.6 馈线终端后备电源一般采用哪些方式供电？

答：馈线终端后备电源宜采用免维护阀控铅酸蓄电池、锂电池或超级电容，额定电压宜采用 24V。

3.1.7 馈线终端接口连接方式有哪些要求？

答：馈线终端接口应采用航空插头的连接方式，航空插头的管脚定义应按照《配电自动化终端技术规范》（Q/GDW 11815）规定执行。

3.1.8 馈线终端采样模块作用有哪些？

答：馈线终端采样模块应具备交流电压、电流采集功能，经处理器处理分析后实现对一次设备的日常监测及故障研判。同时具备通信远传功能，可通过光纤、无线等方式实现配电主站对现场情况的实时监控及故障信息实时上送。

3.1.9 站所终端主要使用范围及作用有哪些？

答：站所终端（DTU）主要用于开关站、配电室、环网柜、箱式变电站等场所，集开关设备的就地测量、控制及故障电流检测等功能于一体，与配电自动化主站或子站系统配合，可实现多条线路的测量、控制、故障监测、故障定位、故障区域隔离等功能。

3.1.10 台区智能融合终端硬件有哪些?

答:台区智能融合终端的硬件主要由基础型核心板、主控板、交采板、载波模块、电源模块组成。

3.1.11 台区智能融合终端的一般要求和技术条件有哪些?

答:台区智能融合终端应满足模块化、可扩展、低功耗的要求,模块支持即插即用,具有高可靠性和适用性。

3.1.12 台区智能融合终端的一般技术要求是什么?

答:(1)测量误差:电流量、电压量测量误差≤0.5%;有功功率测量误差≤0.5%;无功功率、功率因数测量误差≤1%;谐波分量准确度≤1%;电网频率测量误差≤0.01Hz。

(2)功耗:静态功耗≤20 VA;交流电压回路功率损耗(每相)≤0.5VA;交流电流回路功率损耗(每相)≤0.5VA。

(3)电磁兼容:静电放电抗扰性能满足《电磁兼容 试验和测量技术 静电放电抗扰度试验》(GB/T 17626.2—2018)中规定的 4 级试验要求;射频电磁场辐射抗扰性能满足《电磁兼容 试验和测量技术 射频电磁场辐射抗扰度试验》(GB/T 17626.3—2016)中规定的 3 级试验要求;电快速瞬变脉冲群抗扰性能满足《电磁兼容 试验和测量技术 电快速瞬变脉冲群抗扰度试验》(GB/T 17626.4—2018)中规定的 4 级试验要求;浪涌(冲击)抗扰性能满足《电磁兼容 试验和测量技术 浪涌(冲击)抗扰度试验》(GB/T 17626.5—2019)中规定的 4 级试验要求;阻尼振荡波抗扰性能满足《电磁兼容 试验和测量技术 第 12 部分:振铃波抗扰度试验》(GB/T 17626.12—2023)中规定的 3 级阻尼振荡波试验要求。

(4)电源失电保护:内部应具有可充电电池或超级电容作为后备电源,并集成于终端内部。

(5)时钟:可接受并执行主站系统下发的对时命令,其他智能配电单元设备如不能保持时钟,则由台区智能融合终端在设备上电时和主站进行对时。

(6)接口要求:接口要求包括电压、电流模拟量输入接口,其中:交流电压输入额定值为 220V/380V,输入电压范围为(0~2)U_n;交流电流输入额定值 5A,输入电流范围为(0~2)I_n(I_n 为额定电流);能承受 2 倍额定电流连续过载,耐受 10 倍额定电流过载 10s 不损坏,耐受 20 倍额定电流过载 5s 不损坏。

(7)终端远程通信接口:终端应至少具备 1 路以太网、1 路 2G/3G/4G 无线公网远程通信接口。

(8)终端当地通信接口:终端应至少具备 4 个 RS-232/RS-485 串口、1 路以太网、

1 路宽带载波通信接口、1 路微功率无线通信接口；终端应至少具备 4 路开关量输入接口，采用无源节点输入；终端宜具备 2 路直流量输入接口；终端宜具备热电阻传感器输入接口；终端无线公网、宽带载波等通信模块采用模块化设计，能根据需求更换和选择，宜内置。

3.1.13　台区智能融合终端的通信方式是什么?

答：终端本身拥有本地与远程两种通信接口。本地模组采用 HPLC 双模通信模块（HPLC＋微功率无线）；远程通信模组需能够满足同时上传配电自动化系统和用电信息采集系统需求，采用单 4G 模块、双 4G 模块等。

3.2　终　端　管　理

3.2.1　故障指示器、单相接地信号源系统台账如何管理?

答：在配电自动化系统设备管理菜单中有台账管理的相关功能，可根据设备类型按照提供的台账模板批量导入设备台账信息，建立变电站—配电线路—设备装置的三级台账信息，并可以根据实际情况进行相应的添加、编辑、删除、读取遥信遥测数据等操作。

3.2.2　配电自动化终端安装后，需要建立哪些台账?

答：配电自动化终端安装后，需要建立配电自动化系统主站采集单元信息表、终端信息电子台账。

3.2.3　配电自动化主站采集单元信息表需要录入哪些关键字段?

答：配电自动化主站采集单元信息表包括内部 ID、终端安装位置、所属类型、所属厂站、所属线路、采集单元状态、终端 IP、终端端口、在线状态、对应遥信点表、对应遥测点表、对应短信通知表、遥调表、遥控模式等，如图 3.2-1 所示。

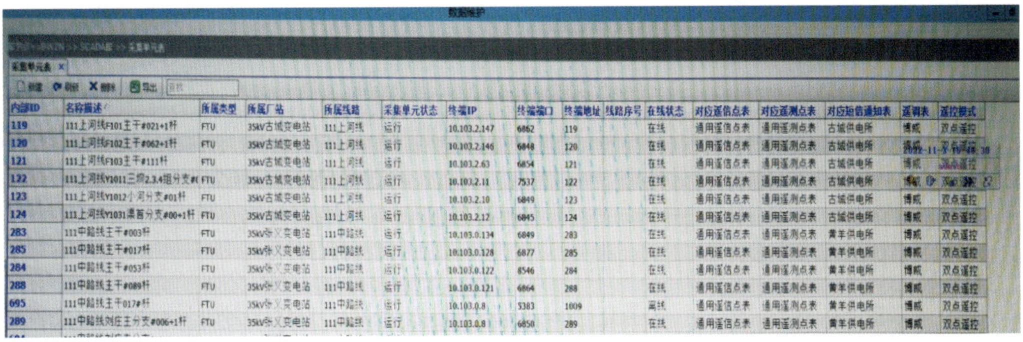

图 3.2-1　配电自动化主站采集单元信息表示例

3.2.4 终端信息电子台账需要录入哪些关键字段?

答:终端信息电子台账包括终端安装位置、厂家、出厂编号、生产日期、硬件版本、IP 地址、链路地址、设备属性等。

3.2.5 台区智能融合终端需要建立哪些台账?

答:台区智能融合终端应建立全生命周期台账,如到货签收台账、台区智能融合终端相关资料、现场安装及验收记录、调试记录。

台账信息包括:台区智能融合终端产品说明书、出厂实验报告,终端厂家、型号、产品编号、ID,随箱等其他纸质资料,台区智能融合终端安装位置,安装线路名称及位置,通信卡 IP 地址,如图 3.2-2 所示。

智能融合终端台账

序号	线路名称	安装台区名称	运维单位	设备编码	PM编码	安装数量	厂家	型号	出厂编号	IP编码
1	10kV XX开闭所XX线	某小区高层箱变	XX供电所	27M00000046073838	27M00000046073838	1	甘肃同心智能科技发展有限责任公司	TX-ZNZD-201	T231442TX001202203010199	

图 3.2-2 台区智能融合终端台账示例

3.2.6 台区智能融合终端隐患台账包括哪些内容?

答:隐患台账包括:隐患名称、隐患级别、隐患所在位置、治理整改方案、完成进度、负责人、计划完成时间、实际完成时间等,如图 3.2-3 所示。

智能融合终端隐患台账

序号	隐患位置	隐患级别	隐患名称	治理方案	计划时间	实际完成时间	完成进度	负责人
1	10kV XX开闭所XX线	一般	设备接线虚接	及时紧线	2022年X月X日	2022年X月X日	已完成	张某

图 3.2-3 台区智能融合终端隐患台账示例

3.2.7 终端台账如何管理?

答:台账建立完成后需要对台账进行定期管理更新。应设专人进行管理维护,台账管理包括台账的日常更新及隐患台账的更新。

日常台账更新:对新增设备信息的录入;终端的迁移,拆除后台账要更新;更换物联网卡后及时将物联网卡卡号及 IP 更新。

隐患台账更新:日常巡视或重要保电时段特巡,将发现的隐患缺陷记录在案,将前期记录在案的隐患按照计划时间进行消缺,及时在台账中更新。

3.2.8 馈线终端信息采集和处理功能包括哪些项目?

答:包括以下基本功能:

（1）遥测功能：外接电压遥测量 U_{ab}、U_{cb}、U_z（可选），电流遥测量 I_a、I_b、I_c、I_z（可选），1 路直流电压遥测量。

（2）遥信功能：采集遥信变位，事故遥信并可向主站或子站发送状态量（注：状态变位优先传送）。遥信采集包括开关合位、开关分位、未储能、电池欠压等硬遥信和远方就地、本地分闸、本地合闸、交流失电等软遥信。

（3）遥控功能：设备具有远方控制功能和本地控制功能；设备接受并执行来自主站或子站的遥控命令，完成开关的分合闸操作；具有本地控制功能，可本地实现开关的分合闸等操作。

3.2.9　馈线终端故障判别功能包括哪些项目？

答：馈线终端故障判别功能包括电流脉冲检测、接地脉冲检测、三段式过电流保护、两段式零序电流保护、过电流后加速保护、零序过电压保护、零序首半波保护、过负荷告警、电压电流越限告警等。

3.2.10　馈线终端通信功能如何应用？

答：（1）对外提供 2 个 RS-232 接口及 2 个以太网接口，支持内部规约和 101 规约、104 规约，每个接口的波特率，通信地址和规约类型均可灵活配置。

（2）内部规约用于与上位机调试软件通信，可实现遥控、遥测、遥信、参数读取和设置、SOE 上传、故障和操作事件读取、版本读取、系统时间读写、设备复位以及在线升级等功能。

（3）101 规约一般用于 GPRS 通信，104 规约一般用于光纤通信，实现遥控、遥测、遥信、参数读取和设置、SOE 上传等功能。

3.2.11　馈线终端对时功能如何应用？

答：通过馈线终端对时，接收主站或子站的对时命令，与系统时钟保持同步，使事件记录具有可比性。

3.2.12　馈线终端 SOE 记录及上报功能包括哪些项目？

答：（1）设备可保存各类 SOE 记录，包括告警信息、遥控记录、遥信变位记录，记录系统真实遥信信息及故障发生、系统运行的状态信息。

（2）告警记录，记录包括遥控操作、设备自检错误、线路故障告警等信息，并上报。

（3）遥信变位记录，记录遥信变位的时间及状态，并上报。

（4）遥控信息，记录遥控发生的时刻、状态及类型，并上报。

（5）记录故障类型、故障发生时刻的电流电压大小及发生时间，并上报。

（6）具备历史数据循环存储功能，电源失电后保存数据不丢失，支持远程调阅，历史数据包括带时标的遥信变位、遥控操作记录、日冻结电量、电能定点数据、功率定点数据、电压定点数据、电流定点数据、电压日极值数据、电流日极值数据、功率反向的电能冻结等。

3.2.13 馈线终端的参数设置功能包括哪些项目？

答：（1）具备终端运行参数的当地及远方调阅与配置功能，配置参数包括零门槛值（零漂）、变化阈值（死区）、重过载报警限值、短路及接地故障动作参数等。

（2）具备终端固有参数的当地及远方调阅功能，调阅参数包括终端类型及出厂型号、终端 ID 号、嵌入式系统名称及版本号、硬件版本号、软件校验码、通信参数及二次变比等。

（3）可由维护软件进行所有参数整定和定值修改。

（4）可在设备面板上直接进行相关参数设置及定值修改。

3.2.14 馈线终端的故障录波功能包括哪些项目？

答：（1）支持录波数据循环存储至少 64 组，并支持上传至主站。

（2）录波功能启动条件包括过电流故障、线路失压、零序电压、零序电流突变等，可单独或组合设定。

（3）录波内容包含故障发生时刻前不少于 4 个周波和故障发生时刻后不少于 8 个周波的波形数据，录波点数为不少于 80 点/周波，录波数据包含电压、电流、开关位置等。

（4）录波采用文件传输方式，录波文件格式遵循 Comtrade 1999 标准中定义的格式，采用 CFG（配置文件，ASCII 文本）和 DAT（数据文件，二进制格式）两个文件。

3.2.15 站所终端信息采集和处理功能包括哪些项目？

答：（1）遥测功能。

1）交流电气测量：I_a、I_b、I_c、I_n、U_{ab}、U_{cb}、U_a、U_b、U_c、U_n 等任意组合。

2）两表法或三表法计算的 P、Q、P_a、P_b、P_c、f、$\cos\varphi$ 等，根据主站需要上传。

3）直流模拟量：两路，电池电压等。

（2）遥信功能。

1）开关状态信号。

2）开关储能信号、操作电源。

3）压力信号等。

4）电池低电压告警。

5）保护动作和异常信号。

6）其他状态信号。

（3）遥控功能。

1）开关分合闸。

2）电池活化。

3）保护信号远方复归。

4）其他遥控。

3.2.16　站所终端的数据传输功能有哪些项目？

答：（1）能与配电主站通信，将采集的信息上送至主站并执行主站下发的各类遥控命令。

（2）和主站对时。

（3）具有当地维护通信接口。通信规约：支持 DL/T 634.5101—2022《远动设备及系统　第 5-101 部分：传输规约基本远动任务配套标准》、DL/T 634.5104—2009《远动设备及系统　第 5-104 部分：传输规约　采用标准传输协议集的 IEC 60870-5-101 网络访问》等多种通信规约，并可按需要进行扩充。

（4）通信接口：RS-232/485、工业以太网、CAN。

（5）通信信道：可支持光纤、载波、无线扩频、无线数传电台、CDMA、GPRS 及 ADSL 等多种通信形式。

3.3　应　用　管　理

3.3.1　配网故障定位系统包括哪些应用？

答：配网故障定位系统应用功能包括设备监测、用户数据总览、SCADA 监测、历史告警、设备档案、通道管理、分组管理、计算量管理、通道监测、设备总览等，可调整各个应用模块在平台中的显示情况。

3.3.2　配网故障定位系统权限管理作用是什么？

答：具有系统管理员权限的用户可以对用户进行权限管理，可以分配用户角色（浏览人员/运维人员/系统管理员/调度人员），设置软件菜单权限和项目浏览的权限。

3.3.3　自适应综合型馈线自动化如何实现故障自愈功能？

答：自适应综合型馈线自动化是通过"无压分闸、来电延时合闸"方式、结合短路/接地故障检测技术与故障路径优先处理控制策略，配合变电站出线开关二次合闸，实现多分支多联络配网网架的故障定位与隔离自适应，一次合闸隔离故障区间，二次合闸恢复非故障段供电。以下实例说明自适应综合型馈线自动化处理故障的逻辑。

（1）主干线短路故障处理示例。

1）FS2 和 FS3 之间发生永久故障，FS1、FS2 检测故障电流并记忆，其中，QF 为带时限保护和二次重合闸功能的 10kV 馈线出线断路器；FS1～FS6、LSW1、LSW2 为分段开关/联络开关；YS1-YS2 为用户分界开关，如图 3.3-1 所示。

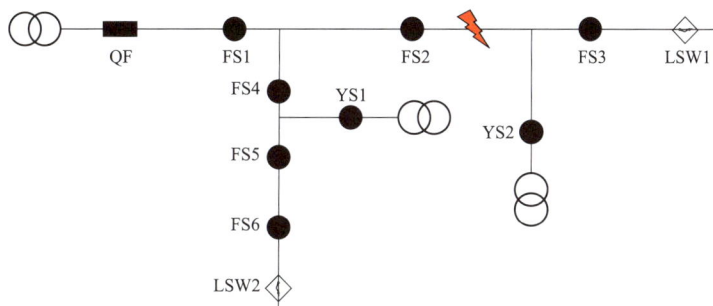

图 3.3-1　FS2 和 FS3 之间发生永久故障

2）QF 保护跳闸，如图 3.3-2 所示。

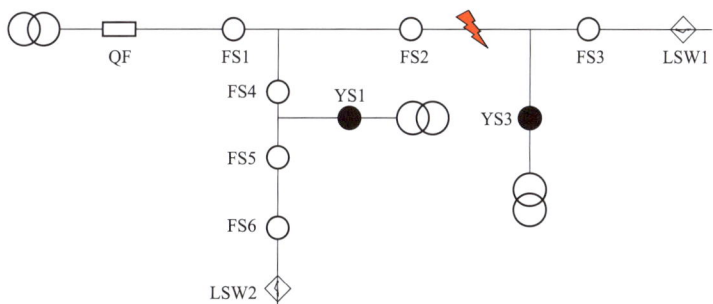

图 3.3-2　QF 保护跳闸

3）QF 在 3s 后第一次重合闸，如图 3.3-3 所示。

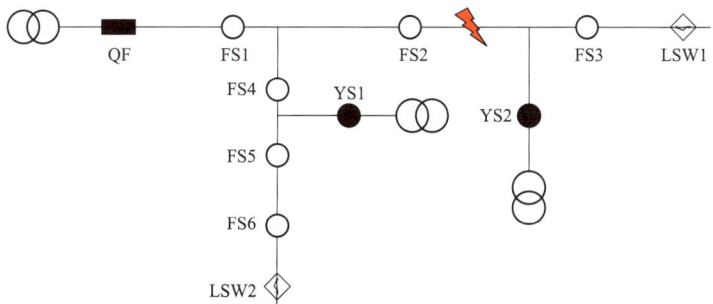

图 3.3-3　QF 第一次重合闸

4）FS1 一侧有压且有故障电流记忆，延时 7s 合闸，如图 3.3-4 所示。

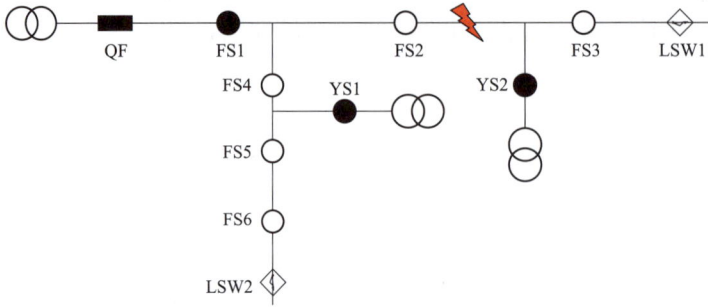

图 3.3-4　FS1 重合闸

5）FS2 一侧有压且有故障电流记忆，延时 7s 合闸，FS4 一侧有压但无故障电流记忆，启动长延时（7+50)s（等待故障线路隔离完成，按照最长时间估算，主干线最多四个开关考虑一级转供带四个开关），如图 3.3-5 所示。

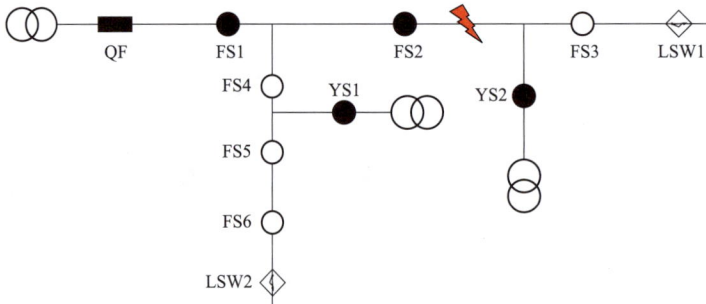

图 3.3-5　FS2 重合闸

6）由于是永久故障，QF 再次跳闸，FS2 失压分闸并闭锁合闸，FS3 因短时来电闭锁合闸，如图 3.3-6 所示。

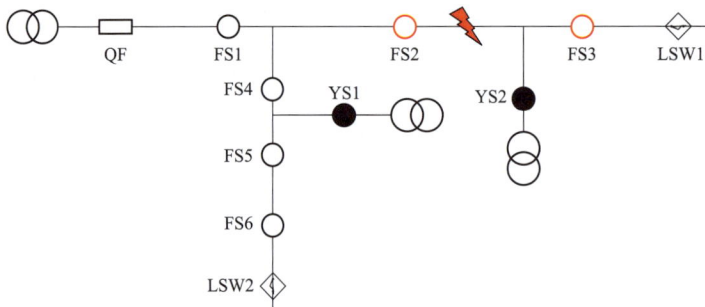

图 3.3-6　QF 跳闸

7）QF 二次重合，FS1、FS4、FS5、FS6 依次延时合闸，如图 3.3-7 所示。

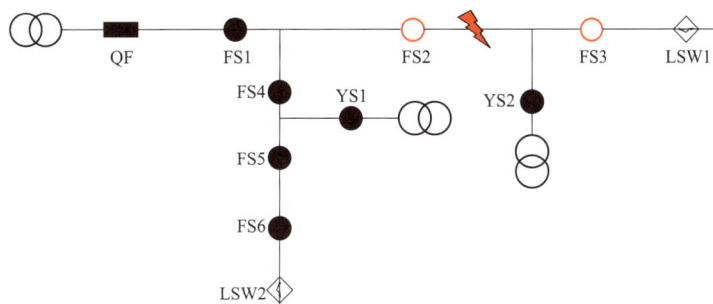

图 3.3-7 QF 二次重合闸

（2）用户分支短路故障处理示例。

1）YS1 之后发生短路故障，FS1、FS4、YS1 记忆故障电流，如图 3.3-8 所示。

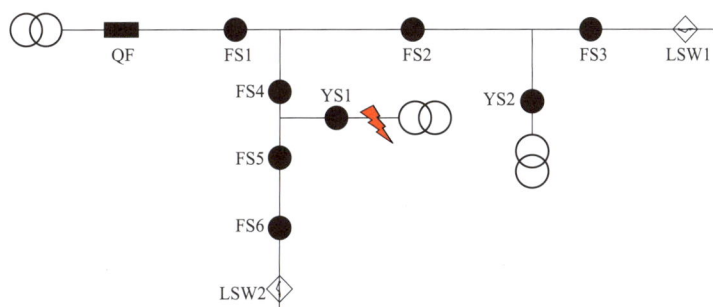

图 3.3-8 YS1 之后发生短路故障

2）QF 保护跳闸，FS1～FS6 失压分闸，YS1 无压无流后分闸。

3）QF 在 15s 后第一次重合闸。

4）FS1～FS6 依次延时合闸。

（3）主干线接地故障（小电流接地）处理示例。

1）安装前设置 FS1 为选线模式，其余开关为选段模式。

2）FS5 后发生单相接地故障，FS1、FS4、FS5 依据暂态性判断接地故障在其后端并记忆，如图 3.3-9 所示。

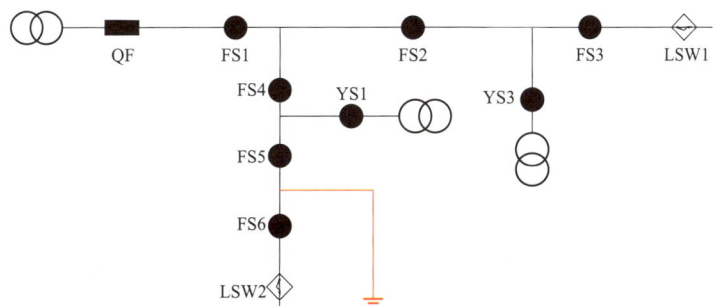

图 3.3-9 FS5 后发生单相接地故障

3）FS1 延时保护跳闸（20s），如图 3.3-10 所示。

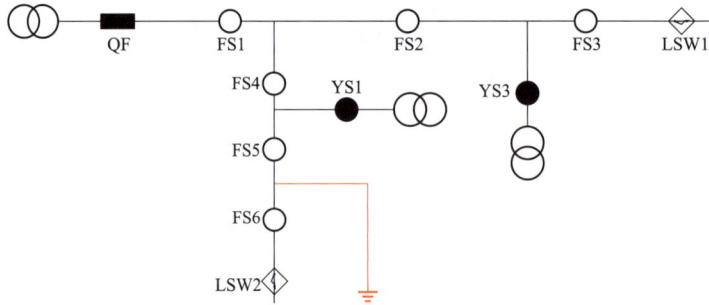

图 3.3-10　FS1 延时保护跳闸

4）FS1 在延时 2s 后重合闸，如图 3.3-11 所示。

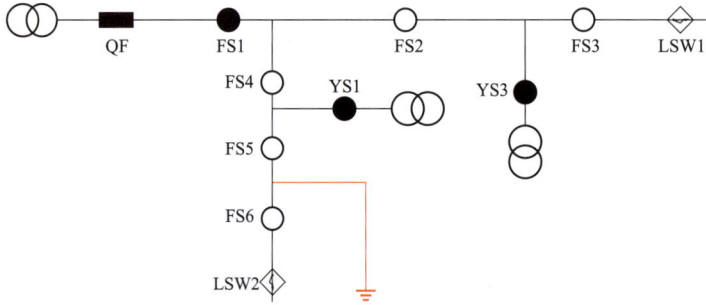

图 3.3-11　FS1 延时重合闸

5）FS4、FS5 一侧有压且有故障记忆，延时 7s 合闸，FS2 无故障记忆，启动长延时，如图 3.3-12 所示。

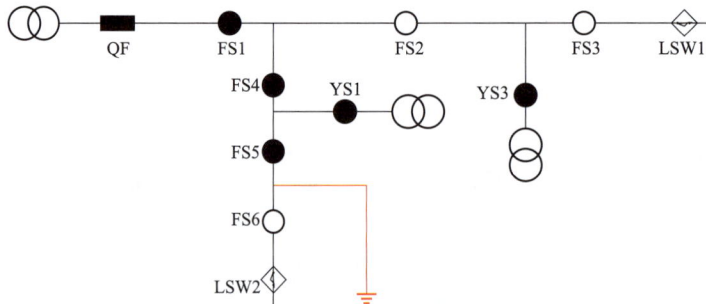

图 3.3-12　FS4、FS5 延时重合闸

6）FS5 合闸后发生零序电压突变，FS5 直接分闸，FS6 感受短时来电闭锁合闸，如图 3.3-13 所示。

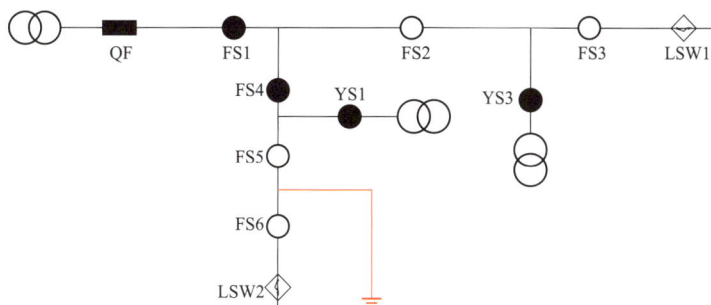

图 3.3-13　FS5 分闸，FS6 闭锁合闸

7）FS2、FS3 依次合闸恢复供电。

3.3.4　电压—时间型馈线自动化如何实现故障自愈功能?

答："电压—时间型"馈线自动化是通过开关"无压分闸、来电延时合闸"的工作特性配合变电站出线开关二次合闸来实现，一次合闸隔离故障区间，二次合闸恢复非故障段供电。以下实例说明电压—时间型馈线自动化处理故障的逻辑。

（1）线路正常供电，如图 3.3-14 所示。

图 3.3-14　线路正常供电

（2）F1 点发生故障，变电站出线断路器 QF1 检测到线路故障，保护动作跳闸，线路 1 所有电压型开关均因失压而分闸，如图 3.3-15 所示。

图 3.3-15　F1 点发生故障

（3）1s 后，变电站出线开关 QF1 第一次重合闸，如图 3.3-16 所示。

图 3.3-16　出线开关 QF1 第一次重合闸

（4）7s 后，线路 1 分段开关 F001 合闸，如图 3.3-17 所示。

图 3.3-17　分段开关 F001 合闸

（5）7s后，线路1分段开关F002合闸。因合闸于故障点，QF1再次保护动作跳闸，同时开关F002、F003闭锁，完成故障点定位隔离，如图3.3-18所示。

图3.3-18　分段开关F002合闸，QF1保护跳闸

（6）变电站出线开关QF1第二次重合闸，恢复QF1至F001之间非故障区段供电，如图3.3-19所示。

图3.3-19　QF1第二次重合闸

（7）7s后，线路1分段开关F001合闸，恢复F001至F002之间非故障区段供电，如图3.3-20所示。

图3.3-20　QF1第二次重合闸

（8）通过远方遥控（需满足安全防护条件）或现场操作联络开关合闸，完成L1至F003之间非故障区段供电，如图3.3-21所示。

图3.3-21　联络开关合闸L1至F003之间非故障区段供电

3.3.5　台区智能融合终端基于基础功能应用还拓展了哪些高级应用？

答：台区智能融合终端在基本功能的基础上，还可以拓展很多高级应用，包括监测类App和治理类App等。

（1）监测类App包括：营配就地交互App、智能开关监测App、台区电能质量监测App、无功补偿监控App、配电站房监测App、低压可靠性分析App、低压拓扑动态识别App、可开放式容量监测App。

（2）治理类App包括：低压拓扑动态识别App、台区线损精益管理及反窃电精准定位App、可开放式容量监测App、故障精准研判与主动抢修App、三相不平衡治理App、分布式能源灵活消纳及智能运行控制App、电动汽车有序充电App。

3.3.6 台区智能融合终端实现高级应用 App 需要什么辅助设备配合？

答：所有 App 功能实现需要其他智能设备（如电能表、智能电容器、智能断路器）配合。例如，实现基于营配就地交互 App 的各项功能，需要安装使用 645/698 协议电能表；实现智能开关监测 App、台区电能质量检测 App 等功能，需要安装使用智能断路器。

3.3.7 什么是营配就地交互 App？ 具有什么功能及实现方式？

答：营配就地交互 App 可采集户表电压、电流曲线、日冻结电量、开关位置、保护信息等，具有两种实现方式：一种是通过 RS-485 连接集中器，另一种是代替集中器配合台区智能融合终端本地载波模块直采电能表数据。

3.3.8 智能开关监测 App 具有什么功能及实现方式？

答：智能开关监测 App 通过台区智能融合终端与低压智能断路器的通信可以实现数据交互，实现实时数据采集、状态采集、故障告警信息采集、遥控等功能。

3.3.9 可开放式容量监测 App 具有什么功能及实现方式？

答：可开放式容量监测 App 同时检测台区电流及电压，并计算当前的可开放容量和最大可开放容量。

3.3.10 低压可靠性分析 App 具有什么功能？

答：低压可靠性分析 App 是一款基于营配就地交互 App 得到电能表电压、停复电事件及通信状态综合统计停电时长，实现停电数据分析功能，如停电时长、停电次数，并将分析结果上送至配电自动化主站。

3.3.11 拓扑识别如何实现？ 具有哪些高级应用场景？

答：拓扑识别使低压配电台区分层分支精细管理得以实现，通过安装低压智能开关或低压分路监测单元，在台区智能融合终端部署断路器监测、拓扑识别等 App，可生成以低压开关为节点的台区拓扑关系，包括台区归属、相别归属、层级关系并上送至云主站，解决低压线路图模不清和更新不及时的问题，支撑低压故障研判、精益线损分析等应用，如图 3.3-22 所示。

（1）低压拓扑动态识别 App：基于营配就地交互 App 得到电能表档案信息、台区识别信息、相位识别信息生成拓扑关系等相关性分析，自动迭代修正拓扑，上报拓扑变化告警。

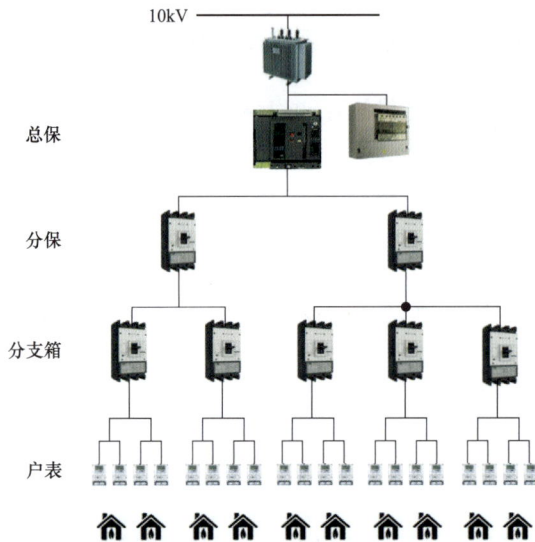

图 3.3-22 低压配电台区拓扑识别应用场景

（2）故障精准研判与主动抢修 App：基于拓扑信息和停复电事件综合分析判断确定停电范围，实现拓扑文件所包含的开关、电能表告警信息上送功能；根据电能表停电记录分析故障停电原因，生成故障研判文件，将研判结果上送至配电自动化主站。

（3）台区线损精益管理及反窃电精准定位 App：基于拓扑信息和各测点的分钟级冻结电量计算台区总线损，以及 15min 总线损；记录保存 15min 冻结电量和日线损冻结电量，实现 15min 及日线损率计算，将计算结果上送至配电自动化主站。

3.3.12 电能质量管理应用场景高级应用 App 有哪些？

答：电能质量管理可提高低压配电台区的供电质量，降低设备损坏风险。通过 HPLC、RF、2.4G、RS-485 等通信，采集边设备、无功补偿装置、源侧电流、负载侧电流、末端电压及装置运行状态等数据。对电能质量情况进行预测，并形成控制决策，在此应用场景中，需要如下 App。

（1）三相不平衡治理 App：基于台区三相冻结电量、总冻结电量，统计分相日冻结电量及日总冻结电量，保存冻结数据，计算变压器日不平衡率，并将结果上送至主站。

（2）无功补偿监控 App：接入无功补偿信息，展示供电能力与电能质量信息。

3.3.13 配电站房监测 App 都需要什么辅助设施？

答：配电站房监测 App 通过与站房监测主机通信，采集站房内各种温/湿度、烟雾、水浸、门禁、电子围栏等环境数据和告警信息，以及局部放电监测数据、可见光图像及红外图像、声音等传感器监测的设备运行数据和告警信息等。

4 全过程管控

4.1 全过程管理流程及内容

4.1.1 什么是全过程管理?

答：全过程管理是指在配电自动化建设过程中，对配电自动化终端设备等的管理从源头抓起、全过程推进，包括在需求设计、招标采购、到货管理、安装调试、主站接入、运行维护等全环节明确各部门职责，做到设备质量全寿命周期管控。

4.1.2 全过程管理涉及哪些部门?

答：主要涉及省电力公司配网专业管理部门，各市（州）供电公司配网专业管理部门、物资部、电力调度控制中心、信息专业管理部门，省电科院配网专业部门等。

4.1.3 全过程管理涉及各单位、各部门的职责分别是什么?

答：（1）省电力公司配网专业管理部门：负责配电自动化终端设备等的招标采购、组织入网检测、组织到货全检等工作。

（2）市（州）供电公司。

1）配网专业管理部门：负责招标需求提报、个性化需求技术确认、现场验收（与物资部共同开展）、终端安装、终端调试、主站接入（与互联网部、电力调度控制中心共同开展）、运行维护等工作。

2）物资部：负责招标管理、现场验收［与设备管理部（配网管理部）共同开展］等工作。

3）互联网部：配合终端主站接入［与设备管理部（配网管理部）、电力调度控制中心共同开展］等工作。

4）电力调度控制中心：负责终端主站接入［与设备管理部（配网管理部）、互联网部共同开展］等工作。

（3）电科院配网专业部门：负责具体实施终端入网检测、到货全检、现场技术监督等工作。

4.2 需 求 设 计

4.2.1 哪种情况下可以实施配电自动化建设与改造?

答：配电自动化应结合配网网架结构和一次设备的现状，同时根据本地区区域类别、负荷密度、性质和地区发展规划，实施配电自动化建设与改造。

4.2.2 配电自动化的设计需求应满足哪些要求?

答：配电自动化建设应遵循"标准化设计，差异化实施"原则，按照设备全寿命周期管理要求，充分利用设备资源进行配电自动化的建设与改造；宜采用技术成熟、少维护、低功耗、节能环保的设备；应根据网架结构、设备状况和应用需求合理选用"三遥"自动化终端；应对一次网架结构现状进行分析，结合一次系统规划提出分阶段建设目标，因地制宜选择配电自动化建设模式。

4.2.3 故障指示器设计需求有哪些?

答：故障指示器应选用耐腐蚀的材料，确保在雨、雪、风沙等恶劣环境下正常运行；故障指示器汇集单元的后备电源容量应大于 12A·h；能够采集线路上设备正常运行时各回路的电流，满足对现场设备的监测需求；能够准确指示故障区域，当线路状态异常变化（如遥测量越限、设备运行异常）时，记录故障时间、故障区段等报警信息。

4.2.4 配电自动化终端设计需求有哪些?

答：配电自动化终端应采用模块化、可扩展、低功耗的产品，具有高可靠性和适应性；其通信规约支持 DL/T 634.5101—2022、DL/T 634.5104—2009 规约；配电终端的结构形式应满足现场安装的规范性和安全性要求；电源可采用系统供电和蓄电池（或其他储能方式）相结合的供电模式；配电终端应具有明显的装置运行、通信、遥信等状态指示。

4.3 招 标 采 购

4.3.1 配电终端技术规范书编制包括哪些内容?

答：技术规范书可分为通用部分和专用部分，配电终端技术规范书编制内容主要包括终端技术指标、机械性能、适应环境、功能要求、电气性能、电磁兼容及可靠性等方面的技术要求、验收要求，以及供货、质保、售后服务等要求，若有差异还应包括技术差异等部分。

4.3.2 编制技术规范书时应遵循哪些原则?

答:编制技术规范书时,应遵循以下原则:

(1)技术规范书提出的是终端最低限度的技术要求。凡规范中未规定,但在相关国家标准、电力行业标准或 IEC 标准中有规定的规范条文,投标人应按相应标准的条文进行设备设计、制造、试验和安装。

(2)如果投标人没有以书面形式对技术规范的条文提出异议,则招标人认为投标人提供的设备完全符合本规范。如有异议,都应在投标书中以投标偏差表为标题的专门章节中加以详细描述。

(3)技术规范书建议使用的标准如与投标人所执行的标准不一致,投标人应按更严格标准的条文执行或按双方商定的标准执行。

(4)技术规范书经招标、投标双方确认后作为订货合同的技术附件,与合同正文具有同等的法律效力。

4.3.3 招标程序由哪些单元组成?

答:招标程序包括:
(1)编制招标文件和标底。
(2)制定评标、定标办法。
(3)发出招标公告或招标邀请书。
(4)审查投标单位资格。
(5)向合格的投标单位分发招标文件及其必要的附件。
(6)组织投标单位赴现场踏勘并主持招标文件答疑会。
(7)按约定的时间、地点、方式接受标书。
(8)主持开标并审查标书及其保函。
(9)组织评标、决标活动。
(10)发出中标通知书,最终签订合同。

4.3.4 招标需求应该怎样提报?

答:各市(州)供电单位配网管理部门根据配网网架结构和一次设备的现状及建设规划情况,对本辖区供电公司所上报的物资需求项目进行审核,组织会议并明确项目投资规模及物资数量,然后报请省电力公司配网专业管理部门进行审核,审核通过后,下达各市(州)供电单位,由各市(州)供电单位在协议库存中进行物资需求提报。

4.4 质 量 管 控

4.4.1 配电终端样机检测工作如何组织实施?

答:配电终端样机检测工作由省电力公司配网专业管理部门负责组织,省电科院配网专业部门负责具体实施。省电力公司每批物资招标工作结束后,终端中标供应商将本批次供货样机送至省电科院完成样机入网检测。样机所有项目检测合格后,供应商方可开展后续终端批量送检及供货工作。

4.4.2 配电终端样机检测工作内容是什么?

答:依据《国网运检部关于做好"十三五"配电自动化建设应用工作的通知》(国网运检三〔2017〕6号)、《国网运检部关于进一步加强配电自动化终端、配电线路故障指示器质量管控工作的通知》(国网运检三〔2017〕131号)、配电自动化终端设备检测规程、批次招标技术规范书等相关规范、文件要求,完成故障指示器、馈线终端 FTU、站所终端 DTU、台区智能融合终端等设备样机供货前入网检测。

配电终端样机检测项目根据终端相关规范、标准、文件及各单位实际应用需求确定。

4.4.3 配电终端样机检测流程是什么?

答:配电终端样机检测工作按照检测申请、检测送样、试验检测流程开展,具体安排如下。

(1)检测申请。自配电终端物资招标结果公布,省电力公司配网专业管理部门技术交底会结束后,配电终端中标供应商向省电科院配网专业部门提出检测申请,并填写检测申请表和授权委托书,授权委托书需指定专人配合省电科院开展检测,所需资料完成签字并加盖中标单位公章后提交至省电科院,并同时提供电子版完整资料(签字盖章扫描件)完成检测申请。

(2)检测送样。送检配电终端的接收、封存和返还环节,均由省电科院和中标供应商双方确认并签字留存过程记录文件,因需双方确认样品状态,谢绝物流、快递单独送样,省电科院收样后对样品进行封存。送检配电终端的设计、安装图纸、说明书、调试软件、相关配套附件及连接线等与设备同时送达,同时还需提供由具备国家认证认可资质的第三方机构出具的同型号设备的型式试验报告、专业检测报告。

送检配电终端交付省电科院后不能再进行任何改动和变更。样品铭牌、外壳喷涂的名称、型号或参数必须一致。

馈线终端、站所终端应提供整机及配件,配件及航空插头一并视为检测对象。

(3)试验检测。样机检测时,供应商委托人需配合省电科院完成检测工作,检测过程中应遵守省电科院的相关规定。检测工作基于公平、公正的原则，根据终端到样情况及到样时间顺序，省电科院按计划开展试验检测，并对检测过程和检测结果进行记录。样机所有测试完成后，由省电科院对样机封存留样，待该供应商批次供货结束后，将样机返还供应商。

4.4.4 配电终端样机送检之前的技术确认流程包含哪些?

答：招标结束之后，按照省公司物资协议库存招标采购技术差异文件的要求与相关厂家进行技术交底：

（1）根据现场实际安装位置，明确杆梢、单/双杆、单/双刀闸、单 TV/双 TV 等相关信息。

（2）依据技术差异文件要求，明确产品类型、航空插头、终端性能、通信模块、结构及外观、后备蓄电池等相关参数。

（3）各单位按照典型设计规范要求进行安装。

4.4.5 配电终端样机送检技术确认内容主要有哪些?

答：（1）开关本体：应选用 ZW32 型柱上真空断路器，额定电流 630A，额定短路开断电流 20kA，开关配置三相测保一体 TA、外置 TV，采用隔离开关分体式，弹簧操动机构，具备手动和电动操作功能。ZW32 型柱上真空断路器预留配电自动化接口，配置 26 芯航空接插插座，开关应具备可通过改变外部接线投入或退出的涌流控制器。

（2）FTU/DTU 终端：

1）采集交流电压、电流，其中：

a. 电压输入标称值：100V/220V，50Hz；

b. 电流输入标称值：5A/1A，或电压、电流传感器模式输入；

c. 电压电流采样精度：0.5 级；

d. 有功、无功采样精度：1.0 级；

e. 在标称输入值时，每一回路的功率消耗小于 0.5VA；

f. 短期过量交流输入电流施加标称值的 2000%（标称值为 5A/1A），持续时间小于 1s，配电终端应工作正常。

2）状态量采集：开关动作、操作闭锁、储能到位等信息，软件防抖动时间 10、60、1000ms 可设，遥信分辨率不大于 5ms。

3）采集直流量。

4）应具备自诊断、自恢复功能，对各功能板件及重要芯片可以进行自诊断，故障时能传送报警信息，异常时能自动复位。

5）应具有热插拔、当地及远方操作维护功能，可进行参数、定值的当地及远方修改整定；支持程序远程下载；提供当地调试软件或人机接口。

6）应具有历史数据存储能力，包括不低于 1024 条事件顺序记录、30 条远方和本地操作记录、10 条装置异常记录等信息。

7）配电终端应具备通信接口，并具备通信通道监视的功能。

8）具备后备电源或相应接口，当主电源故障时，能自动无缝投入。

9）具备软硬件防误动措施，保证控制操作的可靠性，控制输出回路必须提供明显断开点，继电器触点额定功率：交流 250V/5A、直流 80V/2A 或直流 110V/0.5A 的纯电阻负载。

10）具备对时功能，接收主站或其他时间同步装置的对时命令，与系统时钟保持同步。

11）工作电源工况监视及后备电源的运行监测和管理。提供后备电源电压监视。后备电源为蓄电池时，具备充放电管理、低压告警、欠压切除（交流电源恢复正常时，应具备自恢复功能）、人工/自动活化控制等功能。

12）提供通信设备的电源接口，后备电源为蓄电池供电方式时应保证停电后能分合闸操作 2 次，维持终端及通信模块至少运行 8h。

13）整机功耗不宜大于 20VA（不含通信模块）。

（3）台区智能融合终端：

1）实现电压、电流、零序电压、零序电流、有功功率、无功功率、功率因数、频率的测量和计算。

2）具备整点数据上传、支持实时召唤及越限信息实时上传等功能。

3）应具备串行口或以太网通信接口。

4）电源供电方式应采用低压三相四线供电方式，可缺相运行。

5）3～13 次谐波分量计算、三相不平衡度的分析计算。

6）提供通信设备的电源接口，如果采用无线通信方式，在终端失电情况下，后备电源可确保与主站进行不少于 3 次的信息传输。

7）整机功耗不宜大于 10VA（不含通信模块）。

8）RS-485 通信接口防误接线功能。

9）抄收台区电能表的数据，并可对电量数据进行存储和远传。

10）具备越限、断相、失压、三相不平衡、停电等告警功能。

11）具有电压监测功能，统计电压合格率。

（4）故障指示器：

1）适用电压：6～35kV。

2）系统范围：适应小电流接地系统。

3）适用导线类型：架空绝缘及裸导线 35～240mm^2。

4）主电源：线路自取电（10A 全功能运行）。

5）功耗≤40μA。

6）遥测精度：电流 0A～100A，测量精度：±3A、电流 100～600A，测量精度：±3%。

7）故障检测：可识别故障类型/接地故障，瞬时故障/永久故障。

8）重合闸最小识别时间 0.2s。

9）状态指示：故障显示，高亮 LED，360°全方位可观察。

10）故障复位方式：定时自动复位，时间 1～48h 可设置、上电自动复位及远程手动复位。

11）防护等级：IPX7。

12）工作环境：工作温度（-40～+70℃）。

13）使用寿命：运行寿命＞8 年。

14）平均无故障时间：$MTBF \geqslant 70000h$。

（5）单相接地信号源：

1）一次额定电压：6～10kV。

2）工作电源电压：AC 220V。

3）功耗：正常工作时小于 15W，单相接地信号源投入时小于 800W。

4）工作温度范围：-40～+70℃。

5）绝缘水平：一次接线端对外壳耐压 42kV/min，特高型耐压达 60kV/min、二次接线端对外壳 2kV/min。

6）接地启动：采用电子 TV 检测接地信号，安全方便，也使得现场安装更加容易。

4.4.6 配电终端到货全检工作如何组织实施？

答：配电终端批次招标的中标供应商样机入网检测合格后，后续所有终端需统一送至省电科院进行到货全检。配电终端到货全检工作由省电力公司配网专业管理部门负责组织，省电科院配网专业部门负责具体实施。

4.4.7 配电终端到货全检工作内容是什么？

答：依据国网运检三〔2017〕6 号、国网运检三〔2017〕131 号、配电自动化终端设备检测规程、批次招标技术规范书等相关规范、文件要求，完成新投故障指示器、馈线终端 FTU、站所终端 DTU、台区智能融合终端到货全检工作。

到货全检严格执行"到货检测率100%，检测合格率100%"要求，所有新到货配电终端经省电科院检测合格后方可送至现场安装，不合格设备严禁入网，确保配电终端零缺陷投运。

4.4.8 配电终端到货全检工作流程是什么？

答：配电终端到货全检工作按照终端送货、试验检测、终端发货流程开展，具体安排如下。

（1）终端送货。配电终端样机入网检测合格后，供应商需将本批次所有终端批量送货至省电科院执行到货全检。批量送货前需与省电科院确定送检时间及配合检测人员。配合检测人员原则上为样机入网检测被授权委托人员，因故需要变更的，需重新填写授权委托书，履行签字盖章手续并提交至省电科院。所有手续完成后，可将终端送至省电科院，配合检测人员需与送检设备同时到达，完成设备收货并配合开展后续检测工作。若发生供应商送货前未与省电科院沟通、货到人未到等情况，省电科院将拒绝收货。

（2）试验检测。检测过程中应遵守省电科院的相关规定。检测工作基于公平、公正的原则，根据终端到货数量和时间顺序，省电科院按计划开展试验检测，并对检测过程和检测结果进行记录。为提高检测效率，供应商需提前完成送检终端软件升级、参数及点表配置等工作，避免调试式检测。送检批次检测完成后，供应商配合检测人员填写检测确认单并签字确认。对于检测不合格的终端，由省电科院留样封存，待该供应商批次供货结束后，将不合格设备返还供应商。

（3）终端发货。送检批次检测完成后次日，供应商将检测合格终端发至相应市（州）公司完成现场安装投运。发货前，供应商需填写发货确认单，明确发货地点、发货数量、供应商发货人、对方联系人，确认检测合格终端发至指定地点。严禁将检测不合格终端及未检测终端发往现场安装，一经发现，省电科院将同市（州）公司确认并上报省电力公司配网专业管理部门，对供应商严肃追责。

4.4.9 馈线终端 FTU、站所终端 DTU 到货全检试验项目有哪些?

答：参照国网运检三〔2017〕6 号、国网运检三〔2017〕131 号、配电自动化终端设备检测规程等要求，在完成规定的检测项目以外，还需根据终端现场实际应用需求、招标技术规范书等要求，确定最终的到货全检试验项目。

例如，国网甘肃电力采购的 FTU、DTU 统一为"三遥"终端，"三遥"FTU、DTU 到货全检项目包括外观与结构检查、接口检查、主要功能试验、录波功能试验、基本性能试验、录波性能试验、遥信防抖试验、对时试验等。

（1）外观与结构检查：ID 号、二维码、软硬件版本、保护接地端子、航空接插件、连接线缆、运行及故障指示灯检查等。

（2）接口检查：电压、电流量采集，遥信量采集，开关分合闸控制，串行口和以太网通信接口检查等。

（3）主要功能试验：短路接地故障处理、控制开关分合闸、历史数据循环存储、运行参数及固有参数调阅、运行参数配置、模拟量和状态量采集、故障指示复归、控制出口软硬压板、遥信处理、双路电源输入和切换等功能检查。

（4）录波功能试验：故障录波功能、录波文件格式、录波功能启动条件、录波波形数据试验等。

（5）基本性能试验：交流工频电量基本误差试验（电压、电流、功率误差等）、交流工频电量影响量试验（频率变化引起的改变量试验、谐波含量引起的改变量试验等）、状态量试验（控制输出、状态输入、SOE 分辨率）等。

（6）录波性能试验：稳态录波电压相对误差、稳态录波电流相对误差、暂态录波峰值误差测试等。

（7）遥信防抖试验：遥信防抖时间测试。

（8）对时试验：终端与主站对时功能测试。

此外，对馈线终端 FTU，还需要测试终端就地型馈线自动化功能。

4.4.10　馈线终端 FTU、站所终端 DTU 到货全检试验常见不合格项目有哪些？

答：根据近几年到货全检情况，FTU、DTU 常见不合格项集中在以下几个方面：

（1）外观与结构检查：外形尺寸、二维码、运行及故障指示灯。

（2）主要功能试验：短路接地故障处理、运行参数配置（零漂、死区等）、遥信、遥控等。

（3）录波功能试验：录波功能启动条件。

（4）基本性能试验：交流工频电量基本误差试验、交流工频电量影响量试验。

（5）录波性能试验：稳态录波电压相对误差、稳态录波电流相对误差。

（6）就地型馈线自动化功能测试（FTU）：外施信号接地选线、首开关接地选线、闭锁等。

4.4.11　台区智能融合终端到货全检试验项目有哪些？

答：台区智能融合终端到货全检试验项目包括外观与结构检查、接口检查、性能试验、通信试验、电源试验、终端软件系统试验、功能试验、对时试验等。

（1）外观与结构检查：ID 号、二维码、软硬件版本检查等。

（2）接口检查：远程通信接口、以太网口、本地通信接口、RS-232/RS-485 串口、蓝牙、北斗/GPS 双模、开关量输入、电能量脉冲输出接口检查等。

（3）性能试验：交流工频电量基本误差试验（电压、电流、功率误差等）、交流工频电量影响量试验（频率变化引起的改变量试验、谐波含量引起的改变量试验等）、状态量试验（遥信、SOE）等。

（4）通信试验：终端与主站通信功能测试、串口及网口通信功能测试。

（5）电源试验：交流电源供电测试、电源功耗测试等。

（6）终端软件系统试验：终端支持软件及系统功能测试。

（7）功能试验：电压越限、断相、失压、停电、电流不平衡、电压不平衡、重过载等检测告警功能测试。

（8）对时试验：终端与主站对时功能测试。

4.4.12 台区智能融合终端到货全检试验常见不合格项目有哪些?

答：根据近几年到货全检情况，台区智能融合终端常见不合格项集中在以下几个方面：

（1）性能试验：交流工频电量基本误差试验（电压、电流）、状态量试验（遥信）等。

（2）通信试验：终端串口通信功能测试。

（3）电源试验：交流电源供电测试、后备电源供电时长。

4.4.13 故障指示器到货全检试验项目有哪些?

答：故障指示器到货全检试验项目包括外观与结构检查、功能试验、通信试验、电气性能试验、临近抗干扰试验。

（1）外观与结构检查：铭牌、ID号、二维码、软硬件版本、类型标识代码检查等。

（2）功能试验：短路故障报警及复位功能、重合闸识别功能、故障自动检测功能、接地故障检测和报警功能、防误动功能（负荷波动不应误报警、变压器空载合闸涌流不应误报警、线路突合负载涌流不应误报警、人工投切大负荷不应误报警、非故障相重合闸涌流不应误报警）测试等。

（3）通信试验：故障指示器与主站通信功能测试。

（4）电气性能试验：最小可识别短路故障电流持续时间测试、短路故障报警启动误差测试、接地故障识别正确率测试、负荷电流误差测试等。

（5）临近抗干扰试验：相邻线路抗干扰能力测试。

4.4.14 故障指示器到货全检试验常见不合格项目有哪些?

答：根据近几年到货全检情况，故障指示器常见不合格项集中在以下几个方面：

（1）功能试验：短路故障报警及复位功能、重合闸识别功能、接地故障检测和报警功能、防误动功能（非故障相重合闸涌流不应误报警）测试等。

（2）通信试验：故障指示器与主站通信功能测试。

（3）电气性能试验：短路故障报警启动误差测试、负荷电流误差测试等。

4.5 现 场 验 收

4.5.1 一二次成套设备到货验收包括哪些资料?

答：一二次成套设备到货验收包括查验图纸和试验报告。

（1）查验图纸：资料包括设备外形图、安装图、二次原理图及接线图。

（2）试验报告：资料包括断路器出厂试验报告及合格证，断路器型式试验和特殊试验报告，主要材料检验报告，套管、绝缘拉杆、电流互感器、电压互感器、FTU 等组件的检测报告，安装使用说明书。

4.5.2 一二次融合成套柱上断路器与 FTU 之间连接航插线，内部接线顺序是如何定义的?

答：一二次融合断路器的二次接口为 26 芯航空插头，断路器本体配置防开路航空插座，配套 FTU 连接线缆开关侧配置防开路航空插头，插座的尺寸规格和针数、定义号严格按照技术规范书执行。防开路航插需能消除非工作状态下头座间产生的危险电压。头座分离时，相应孔位自动短接，起到短路保护作用；头座插合后，短路自动断开，实现正常连接；航插采用螺纹锁紧结构，外壳采用铜合金材质表面镀铬，接触件全部采用镀金。断路器与馈线终端的连接电缆如图 4.5-1 所示，电压互感器与馈线终端的连接电缆如图 4.5-2 所示。

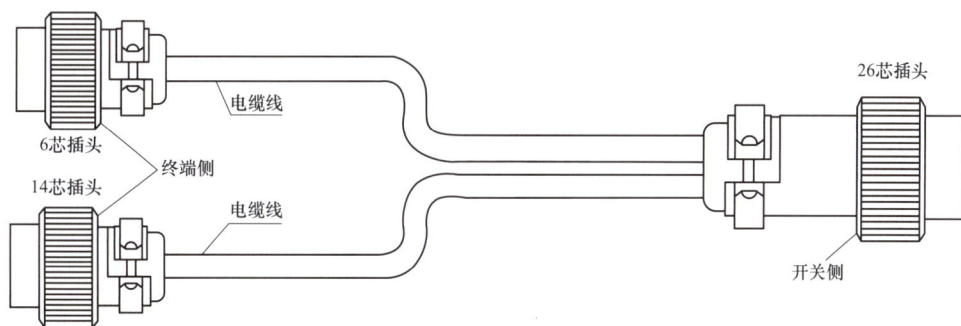

图 4.5-1 断路器与馈线终端连接电缆示意图

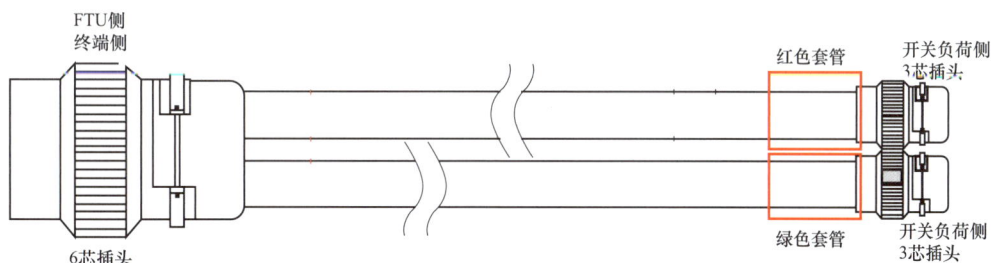

图 4.5-2 电压互感器与馈线终端连接电缆示意图

4.5.3 FTU 供电电源有哪些要求?

答：(1) FTU 采用 TV 取电和大容量后备蓄电池相配合的供电方式，电源输入和输出应实现电气隔离。

(2) 主供电源应具备后备电源的充放电管理功能，当主供电源供电不足或消失时，电源模块应能自动无缝切换到后备电源供电并给出告警信号。

（3）配套电源应能独立满足 FTU、配套通信模块、开关电动操动机构。

4.5.4　FTU 到货后，通信部分重点检测哪些项目？

答：通信部分重点检查以下项目：

（1）FTU 配置专用维护串口，终端 RS-232 接口传输速率可选用 1200、2400、9600bit/s；无线 4G 通信口，后期可扩展物联网接入方式；10/100Mbit/s 全双工以太网口。

（2）FTU 与主站建立连接时间应小于 60s。

（3）协议支持 101/104 通信规约的同时，需满足省公司配网在线监测系统接入要求。

（4）在主站通信异常时，配电终端应保存未确认及未上送的带时标的 SOE 信息，通信恢复时及时传送至主站。

（5）通信模块化设计，通过硬件插拔式结构可升级为 5G 模式或有线（光纤）通信方式并不产生相关费用。

（6）设备加电自动上线、掉电恢复后自动重拨。

（7）须满足安全接入平台的接入要求。

（8）接受并执行主站系统下发的对时命令，对时精度不应大于 5s。

4.5.5　故障指示器到货后，验收检测哪些项目？

答：包括外观与结构检查、功能试验检测、电气性能试验检测。

（1）外观与结构检查。

1）外观应整洁美观、无损伤或机械形变，封装材料饱满。

2）外形及安装尺寸、元件焊接及装配应符合图样要求。

3）安装结构合理、安装方便牢固。

4）卡线结构应有合适的握力，既要保证安装牢固又不能造成电线损伤。

5）指示器应设有持久明晰的铭牌或标识、二维码等。

（2）功能试验检测。

1）短路故障报警及复位功能试验。

a. 当满足短路故障报警动作条件时，应能本地报警、发出远传报警信息，并在规定时间复位；

b. 当不满足短路故障报警动作条件时，不应本地报警、发出远传报警信息；

c. 当回路中的电流值变化超过设定的故障电流报警动作值，在大于动作延时后又下降为零，停电 0.2s 后重合闸成功，电流恢复到故障前的负荷水平时，应能本地报警，发出远传报警信息，并在规定时间复位。

2）接地故障报警及复位功能试验。

a. 当满足接地故障报警动作条件时，应能本地报警、发出远传报警信息；

b. 当不满足接地故障报警动作条件时，不应本地报警、发出远传报警信息。

3）负荷波动防误报警试验检测。当回路中的电流变化超过设定的故障电流报警动作值，且在大于动作延时后又下降为电流变化前的负荷水平时，不应误动。

4）变压器空载合闸涌流防误报警试验检测。当回路中的电流值从零突变并超过设定的电流报警动作值，且在大于动作延时后又下降为零时，不应误动。

5）线路突合负载涌流防误报警试验检测。当回路中的电流值从零突变并超过设定的电流报警动作值，且在大于动作延时后又下降为正常负荷水平时，不应误动。

6）人工投切大负荷防误报警试验检测。当回路中的电流值变化超过设定的故障电流报警动作值，且在大于最长动作延时后下降为零时，不应误动。

7）非故障相重合闸合闸涌流防误报警功能。在回路中施加正常负荷电流，停电0.2s后，回路中的电流值又从零突变并超过设定的故障电流报警动作值，且在大于动作延时后下降为零，不应误动。

8）带电装卸试验。应能带电装卸，装卸过程中不应误报警。

（3）电气性能试验检测。

1）短路故障报警最小识别时间：20～40ms。

2）短路故障报警：动作误差不大于±10%。

3）随负荷变化短路故障报警：动作误差不应大于±10%。

4）接地故障报警：有定量设置的特征值，动作误差不应大于±10%。

5）自动复位时间：2～48h，误差不大于±1%。

4.5.6 单相接地信号源到货后，验收检测哪些项目？

答：包括外观检查、绝缘耐压试验检查、接地可靠性、时间继电器、面板指示灯状态、机箱指示灯状态、TV采样精度、TA采样精度、操作试验检测。

（1）外观检查。

1）外观：外壳表面光亮平整，外壳清洁，无明显划伤。

2）附件：相关金属附件安装紧固无脱落危险。

3）标识：检查铭牌、保护地、工作地等标识是否齐全、是否与设计文件相符，且应固定在相应位置，应无翘角污渍等现象。

4）电气组件：装配符合装配图要求，各零部件无机械损伤，涂、镀层无划伤，无脱落，无锈斑；所有螺栓螺母应已拧紧，安装整齐美观、紧固无松动；电路板、电源滤波器、浪涌保护器、避雷器、指示灯、导轨、端子等组件安装整齐美观、紧固无松动。

5）其他：机箱面板锁、门锁功能正常，行程开关接通断开功能良好，开关方便灵活；配线美观，线号正确齐全。

（2）绝缘耐压试验检查。

1）一次回路：三相对地，A、B、C套管输入桩头并接，并确保保护地及接触器下出线端头可靠接地，使用工频耐压试验装置施加42kV/min，无击穿、闪络现象；A、B套管输入桩头可靠接地，并确保保护地可靠接地及接触器下出线端头可靠接地，使用工频耐压试验装置施加于C套管输入桩头42kV/min，无击穿、闪络现象；B、C套管输入桩头可靠接地，并确保保护地可靠接地及接触器下出线端头可靠接地，使用工频耐压试验装置施加于A套管输入桩头42kV/min，无击穿、闪络现象。

2）二次回路：使用CS2670A-1型耐压测试仪，施加于电源输入2.5kV/min，无击穿、闪络现象。

3）绝缘电阻测试：

a. 装置高压接线部分与外壳之间绝缘电阻应不小于50MΩ（使用2500V绝缘电阻表）（测试时，需拆除电压传感器）。

b. 装置的电源回路与外壳之间绝缘电阻应不小于5MΩ（使用500V绝缘电阻表）。

c. 装置的控制回路与外壳之间的绝缘电阻应不小于5MΩ（使用500V绝缘电阻表）。

（3）接地可靠性。对照接线图，仔细检查电气接线的正确性，并用万用表测量保证各条接地线可靠接地。

（4）时间继电器。时间继电器的表盘旋转至指示6。

（5）面板指示灯状态。设备上电时观察所有面板指示灯是否全部点亮一次，面板指示灯状态及定义见表4.5-1。

表4.5-1　　　　　　　　　　　面板指示灯状态及定义

序号	颜色	名称	定义
1	红	电源	设备上电后电源灯常亮
2	绿	运行	设备运行后闪烁，闭锁状态时也闪烁
3	黄	熄弧	熄弧投切时指示灯闪烁，熄弧成功指示灯常亮
4	红	闭锁	投切时红色指示灯闪烁，闭锁时红色指示灯常亮
5	黄	A接地	设备检测到A接地故障时亮，告警复归后灯灭
6	绿	B接地	设备检测到B接地故障时亮，告警复归后灯灭
7	红	C接地	设备检测到C接地故障时亮，告警复归后灯灭
8	红	自检	设备自检出故障时亮，告警复归后灯灭
9	黄	COM 1	串口通信时亮
10	黄	COM 2	网口通信时亮

（6）机箱指示灯状态。红灯亮时绿灯灭，不同时点亮，机箱指示灯状态及定义见表4.5-2。

表 4.5-2   面板指示灯状态及定义

序号	颜色	名称	定义
1	绿	运行	设备运行正常,绿灯闪烁
2	红	报警、闭锁	设备出现异常闪烁、闭锁常亮

(7) TV 采样精度。继电保护测试仪输出 10、20、50、70、100V,观察采集数据,应满足精度 ±1%。如果不在范围内用精度校准设置新系数,设置之后继续查看采样精度是否满足要求。校准所需输出值为 100V,单相接地信号源在上电后采集数据中零漂应满足在小于 1V 的范围内。

(8) TA 采样精度。电流公共端接一次室内电阻箱内地,A 相接电流互感器绝缘子连接线的固定点。根据测试数据加入电流量 5、10、20、40、50A,精度应该满足 1%。

(9) 操作试验检测。装置控制端子接入 176、220、253V 电压,使用遥控器遥控接触器,投入和切除动作正常。

4.5.7 DTU 到货后,通电前外观及接线检查项目有哪些?

答:通电前检查的主要目的是为尽早发现机箱中是否有安全隐患,其检查步骤为:

(1) 打开机箱门,按照包装清单检查机箱内的配置单元模块的型号、数量是否正确。

(2) 检查机箱内是否遗留有其他非绝缘的废弃物。

(3) 主电源安全性检查。

(4) 检查安装线的连接是否导通、牢固,是否有松动的现象,端子安装是否牢固。

(5) 检查机箱内的所有紧固螺钉是否松动,尤其是电流回路的试验型端子。

(6) 检查装置的接地线是否与大地相连,连接是否可靠。

(7) 检查装置的一次接线是否正确。

(8) 检查装置对外通信电缆连接是否正确无误。

4.5.8 DTU 到货后,通电后装置的功能检查项目有哪些?

答:静态检查完毕后确认无误,通电进行功能检查,检查方法如下:

(1) 检查外部电源输入是否正确,确认压板区的后备电源开关在"开"位置。

(2) 按系统电源模块上的电池"ON"键,投入蓄电池。

(3) 观察核心单元的运行指示灯"Run"是否周期闪烁。

(4) 用笔记本电脑与装置的维护口通信,使用维护软件并执行对时命令,若对时实现,则说明装置维护口通信正常。

(5) 通过读取程序版本号,进行装置软件版本号核查,确保对应型号与配置无误。

(6) 对照外部接线图,将遥信输入和公共端端接后召测遥信状态,看是否有对应的遥信变位,按同样的方法查看所有的遥信功能是否正常;也可先将终端设置为主动上报模式,短接每一路遥信输入,测试软件应能接收到每一个遥信变位情况。

（7）将旋转开关转到远方位置，发送遥控命令，对照遥控接线图，用万用表测量对应端子是否有电压。若有说明遥控执行正确，按同样的方法查看其他遥控是否正确。

（8）将旋转开关转到就地位置，手动按下合闸、分闸按钮，对照遥控接线图，用万用表测量对应端子是否有电压。若有说明就地操作正确，按同样的方法查看其他控制回路是否正确。

（9）调试完毕后，安装用户要求将旋转开关拨到指定位置。

（10）按系统电源模块的电池"OFF"键持续 5s，电池模块停止输出，装置内所有模块均不工作。

（11）确认将压板区的装置电源开关置成"关"位置。

（12）确认无误后请将机箱门用钥匙锁牢。

4.5.9 DTU 终端后备电源检查应满足哪些要求？

答：DTU 终端后备电源检查应满足以下基本要求：

（1）后备电源应采用免维护阀控铅酸蓄电池或超级电容，或采用其他新能源电池，如电容电池、钛酸锂电池等，后备电源额定电压 48V。

（2）免维护阀控铅酸蓄电池寿命不少于 3 年，超级电容寿命不少于 6 年，其他新能源电池寿命不少于 6 年。

（3）后备电源能保证配电终端运行一定时间：

1）免维护阀控铅酸蓄电池：应保证各间隔完成分—合—分操作一次并维持配电终端及通信模块至少运行 4h；

2）超级电容：应保证各间隔分闸操作一次并维持配电终端及通信模块至少运行 15min。

（4）采用其他新能源电池时，应能满足以下要求：

1）寿命大于 6 年，充放电循环次数大于 1000 次，使用 6 年后电池剩余容量不小于标准容量 50%；

2）安全性不允许出现自燃和自爆，在专业鉴定机构能通过穿刺、挤压等安全试验认证；

3）运行温度在 $-40\sim+70^\circ C$ 全范围内运行时，放电功率稳定。

4.6 终 端 安 装

4.6.1 故障指示器采集单元安装步骤有哪些？

答：（1）检查安装辅具是否正常，备好开启勾。

（2）将托架通过接头螺栓安装在操作杆上，卸载器螺母使拆卸片处于完全缩入立柱内部的状态，并用手拉起弯梁，直至用挂钩挂好。

（3）用开启勾撬起上压线弹簧，直至靠近高立柱，用拉钩将压线弹簧固定。

（4）用同样的方法将采集单元的下压线弹簧固定。

（5）拧上绝缘操作杆，完成安装准备。

（6）将采集单元挂到线缆上，用力向上顶，使得采集单元压线弹簧脱离安装辅具，牢牢压住线缆，然后向下取下安装辅具，使得采集单元挂在线缆上。故障指示器外观见图4.6-1。

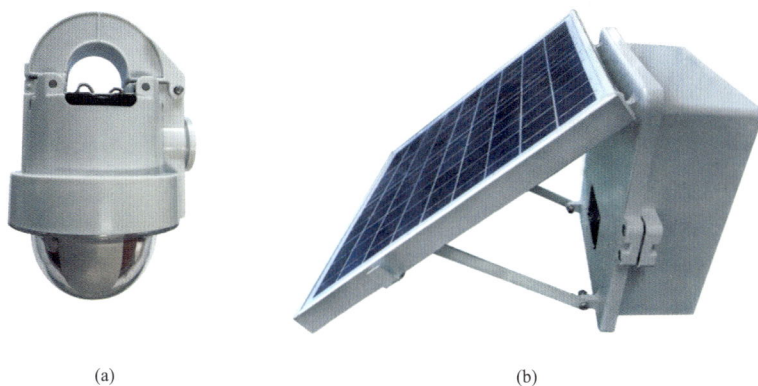

(a)　　　　　　　　　(b)

图 4.6-1　故障指示器采集单元、汇集单元外观图

（a）采集单元；（b）汇集单元

4.6.2　故障指示器采集单元如何拆取？

答：（1）拧动安装辅具的卸载器拉钩，让卸载器伸出。

（2）将安装辅具对准安装在线缆上的采集单元，用力向上顶，使得采集单元完全落入安装辅具中，直至卸载器卡住采集单元。

（3）用力向下使得采集单元的压簧脱离线缆，采集单元随着安装辅具一同取下，将采集单元向下压，脱离卸载器即可。安装辅具外观见图4.6-2。

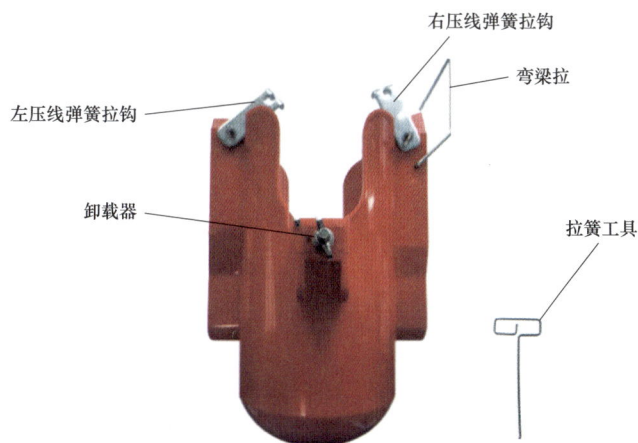

图 4.6-2　安装辅具外观图

4.6.3　故障指示器汇集单元如何安装?

答:(1)打开箱体,将 SIM 卡装入卡座内,锁住卡托,完成汇集单元内部各个模块接线。

(2)测试汇集单元功能是否正常,与采集单元通信是否正常。

(3)锁上汇集单元箱体。

(4)将太阳能板及支架打开,使用螺丝固定牢固,太阳能板与地面的夹角 45°为宜(可根据实际需求设置角度)。

(5)用抱箍将汇集单元固定在所选杆塔的合适位置和高度上,太阳能板朝向正南方拧紧螺丝。

(6)整套设备安装完毕后,再次测试汇集单元功能是否正常,至此汇集单元安装完毕。

4.6.4　故障指示器汇集单元安装有哪些注意事项?

答:(1)采集单元和汇集单元已进行一一对应且通信正常,频点/组地址已经区分好(同地区安装的设备组地址进行唯一区分)。

(2)汇集单元与主站通信联调工作已完成,SIM 卡都已安装匹配到位。

(3)设备调试记录已更新至台账(包括设备编号、ID 号、频点和组地址、SIM 卡IP、链路地址、加密证书等信息)。

(4)汇集单元上杆前,确保太阳能电源端子、电池端子都正常连接设备,指示灯亮起。

(5)频点组地址划分,同一地区故障指示器组地址进行唯一区分,同频率不同安装点故障指示器直线距离在 500m 以上。

(6)安装位置注意采光,有遮光物及时调整位置。

(7)汇集单元采用 GPRS 通信方式时,安装位置须有运营商网络,如无信号,需要调整安装位置。

(8)安装位置及时更新到工程台账中与调试记录对应。

4.6.5　故障指示器布点原则是什么?

答:安装在变电站出口处,判明站内或站外故障及故障选线;安装在主干线路分段处,以缩小故障区段范围;安装在线路重要分支处;安装在线路分段和分支开关处,位于分段开关、支线开关等具备开断能力的设备后侧,确认后段故障点。

4.6.6　同杆架设多台故障指示器或多杆距离较近注意事项有哪些?

答:同杆架设多台终端及多杆距离较近情况见图 4.6-3,对于两套及两套以上的通信终端距离比较近,则每套设备需要使用单独的无线工作频段,一般各套设备的默认频段为 4；如果两套设备距离较近，则另外一套设备的频段可以修改为 6；如果有三套设备，则三套设备频段可以分别使用 2、4、6 频段。建议尽量把每套设备的频段拉开，能够增强通信稳定性（无线模块可以使用的频段有 1、2、3、4、5、6、7、8、9、A 共 10 个频段）。

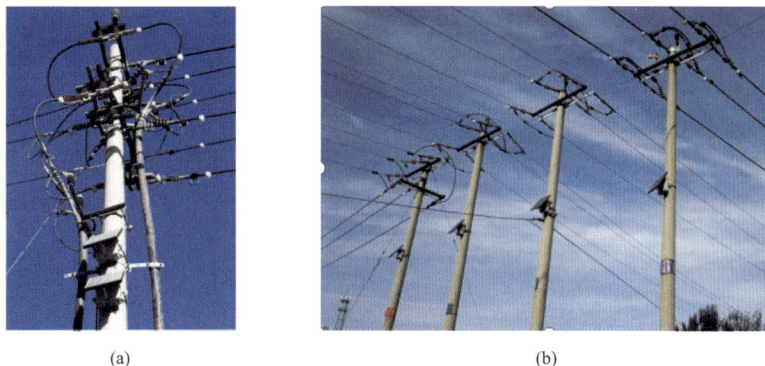

图 4.6-3 同杆架设多台终端及多杆距离较近
（a）同杆架设；（b）变电站出口多杆距离较近

4.6.7 终端外观检查有哪些？

答：外观检查是指在 FTU、DTU 终端没有进行试验前，对其进行整体的外观查看，检查出 FTU、DTU 终端由于外力等其他因素造成的外部损坏并反馈厂家以及时解决。外观检查主要检查设备的完整性，检查设备的外观是否有损坏、结构变形，设备内部部件是否有破损、缺失等；产品的铭牌是否清晰、型号与合同是否对应；航插头有无开裂损坏等现象；航插电缆表面有无磨损、破皮等现象。

4.6.8 DTU 现场安装条件及通信接入方式有哪些？

答：DTU 一般安装在常规的开关站（开闭所）、环网柜、箱式变电站等处，实现站房类开关设备的可视化管理，具备对站内开关"三遥"（遥信、遥测、遥控）信息的采集及故障快速切除的功能。常见的通信方式分为无线通信及光纤通信，一般建议采用光纤进行通信，如因环网类设备电缆为直埋无光缆通道等不具备光纤通信的，可采用无线通信。

4.6.9 DTU 如何安装？

答：（1）将设备固定在开关站合适的位置并固定牢固。
（2）接地体及其布置方式根据现场情况自定，接地电阻 $R \leqslant 4\Omega$。
（3）可以采用焊接的方式将机箱与基础槽钢焊牢。

（4）常规的 DTU 的外部接线需结合图纸要求，按图施工，电缆敷设一般从 DTU 的底部进入依次排开、固定牢靠并套好标签以免混乱，安装人员根据接线图进行接线，接线完毕后应及时对电缆孔洞进行封堵。一二次融合的 DTU 主要安装在环网柜内，DTU 柜内不再进行二次接线，安装时依据航插的标识标签与开关柜进行连接即可完成。

4.6.10 架空线路 FTU 设备的现场安装条件及通信接入方式有哪些?

答：FTU 一般随柱上开关进行统一安装，采用单杆挂装的安装方式，安装位置距离地面一般不低于 2.5m。安装时 FTU 终端必须安装牢固，与开关本体的连接线应绑扎牢固且美观，各接头应拧紧，防止长时间运行后因各类原因导致连接线脱落，FTU 安装后本体必须可靠接地。

常见的通信方式分为无线通信及光纤通信，一般建议采用无线通信。以双杆分界开关为例，FTU 现场安装示意图见图 4.6-4。

4.6.11 台区智能融合终端开箱后需检查哪些内容?

答：设备包装箱中应包括台区智能融合终端、4G 天线、双 4G 模块、载波模块、北斗天线、弱电端子、弱电线束、强电端子连接线、合格证及产品手册。

4.6.12 台区智能融合终端外观检查包括哪些内容?

答：（1）检查箱体外壳是否有破损，核对装置的铭牌信息，外壳是否贴弱电端子定义图，轻轻晃动终端箱体，听内部是否有异响。

（2）检查强、弱电端子针脚是否端正，各元器件是否安装牢固、接触良好。

（3）检查标签：检查所有端子标签，套管标签，指示灯标签，切换开关标签和按钮标签，确保所有的标识满足工程需要。

（4）检查插件：检查装置的所有插件，确保正确安装并且没有螺丝松动。

（5）检查装置是否在运输过程中损坏，确保装置功能正常，测量值在误差要求范围内。

4.6.13 台区智能融合终端安装时安全要求有哪些?

答：（1）台区智能融合终端安装前，须对台区进行现场勘查，确定电流互感器安装位置和终端安装方式。

（2）安装时要严格遵守相关安全规范。

（3）电气安装人员应持证上岗，掌握电气安全知识和事故紧急处理措施，严禁违章操作。

柱上开关成套组件表

编号	材料名称	单位	数量	备注
①	柱上断路器	套	1	配备3只TA，精度0.5S级
②	断路器支架	套	1	每套2根
③	导线引线（JKLYJ-10-240）	m	33	长度仅供参考
④	设备连接线（JKLYJ-10-50）	m	26	长度仅供参考
⑤	10kV脱离器避雷器	只	3	
⑥	接地体	付	1	
⑦	FTU	套	1	
⑧	隔离开关	套	2	
⑨	隔离开关横担	付	2	
⑩	绝缘穿刺接地线夹	只	6	
⑪	绝缘穿刺型线夹	只	3	
⑫	H型并沟线夹	只	12	
⑬	避雷器横担	付	2	
⑭	柱式蓄绝缘子	只	6	
⑮	两表位表箱	套	1	独立采购
⑯	电压互感器	套	1	准确度等级0.5/3级
⑰	零序电压传感器	套	1	准确度等级3P级
⑱	组合式电流互感器	套	1	独立采购

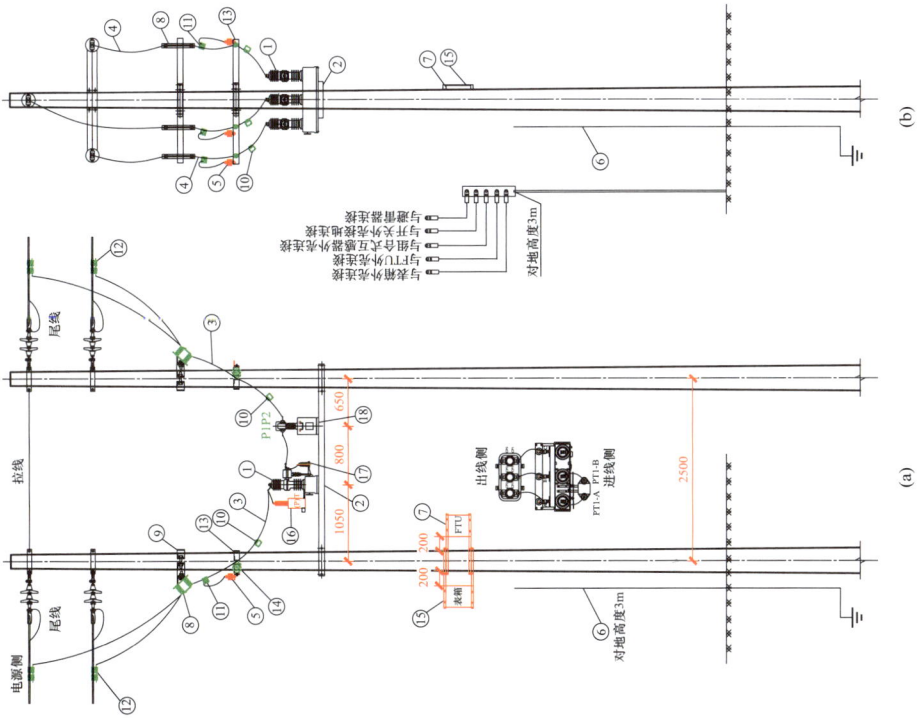

图 4.6-4　FTU现场安装示意图
（a）正视；（b）侧视

（4）现场设置专职安全员，所有参加设备安装的施工人员在施工前，必须进行安全交底，提高安全意识，遵守有关安全制度。

（5）进入施工场地，必须戴安全帽和安全规程所要求的防护用品，并设置安全围栏，严禁违章作业。

（6）各种设备、材料和废料应按指定地点放置，所有施工设备都应进行良好接地。

（7）安装用的各类设备及工器具必须齐全、完好、合格。

（8）登高作业应遵守高处作业的有关规定，工作前应检查梯子是否坚固可靠、是否绝缘，工具必须放好，安全带应扎好，并系在牢固的结构上，不准穿硬底鞋，不准高空抛物。

（9）安装过程中应注意周围人员及自身安全，防止因挥动工具、工具脱落等造成伤害，多个人员一起工作要协调配合，保证安全。

（10）如果进行带电安装，安装时所有工具需要做绝缘防护，佩戴绝缘手套、绝缘鞋等。

4.6.14　台区智能融合终端现场安装时应准备哪些材料及工具?

答：所需材料：智能融合终端、4G 天线、电缆、重载连接器、弱电端子、弱电线束、绝缘胶带（黄、绿、红、黑）、扎带、缠绕管、PVC 管、外挂箱（背板）等，具体见表 4.6-1。

表 4.6-1　　　　　　台区智能融合终端现场安装材料清单

序号	名称	规格型号	数量	单位	备注
1	智能融合终端	STC230A	1	台	
2	重载连接器	防开路	1	根	终端标配
3	弱电端子		1	个	终端标配
4	弱电线束		1	根	终端标配
5	4G 天线		1	根	终端标配
6	北斗天线		1	根	终端标配
7	电缆	四色，2.5mm^2	20	m	电压线
		四色，4mm^2	4	m	电流线
8	绝缘胶带	黄、绿、红、黑色	4	卷	
9	扎带	尼龙，白色，100mm	1	袋	
		尼龙，白色，250mm	1	袋	
10	缠绕管	12mm×7.5m，白色	1	包	
		8mm×7.5m，白色	1	包	
11	PVC 管	40mm，4m	3	根	弯头
12	外挂箱（背板）		1	套	

所需工具：万用表、老虎钳、斜口钳、十字大号螺丝刀、一字大号螺丝刀、十字小号螺丝刀、一字小号螺丝刀、手枪电钻。

4.6.15 台区智能融合终端安装时具体要求有哪些?

答：（1）台区智能融合终端三相四线供电电源可从台区表、集中器、端子排取电。

（2）为了保证测量精度，建议根据变压器容量或台区已安装 TA 容量，重新安装一组 TA，组成单独台区智能融合终端交流采样回路。

（3）通信线缆要与强电电缆分开，所有柜内线缆必须布置在导线槽内。

（4）考虑 GSM 或者 GPRS 信号稳定性，台区智能融合终端的天线置于 JP 柜外。

（5）台区智能融合终端安装必须牢固，接线简洁、布线美观。

（6）安装接线完成后，用扎带绑扎整理接线，在 JP 柜出线位置涂上防火泥。

（7）台区智能融合终端安装完毕后，进行安装自检，重点检查强电接线各项工艺是否符合技术要求。

（8）安装自验合格后给台区智能融合终端通电，检查保证终端的工作状态和通信功能正常。

4.6.16 台区智能融合终端安装方式有哪几种?

答：根据 JP 柜和计量箱内空间尺寸，台区智能融合终端可以采取内嵌式和外挂式两种安装方式。

（1）内嵌式：JP 柜内或计量箱内空间满足安装要求时，将台区智能融合终端和端子（或背板）安装在 JP 柜内或者计量箱内，详见图 4.6-5。

（2）外挂式：JP 柜内或计量箱内空间不满足安装要求时，在台区单独安装设备箱。可将台区智能融合终端和端子排安装于设备箱内，详见图 4.6-6。

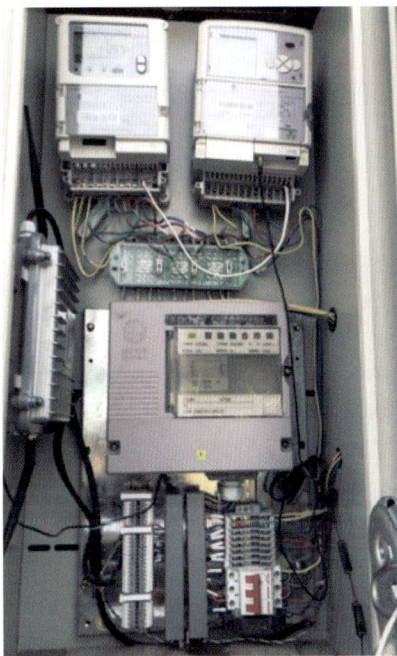

图 4.6-5 台区智能融合终端内嵌式安装图

4.6.17 台区智能融合终端本体安装方式有哪几种?

答：台区智能融合终端本体安装方式有悬挂安装、导轨安装、组合式安装三种。

（1）悬挂安装：在计量柜或外挂箱（背板）距离上端盖约 4～5cm 的位置，使用手枪钻将 M4×16 自攻螺丝装在背板（外露 1cm），将台区智能融合终端挂在螺栓上，用 2 颗 M4×8 自攻螺丝将台区智能融合终端进行固定。

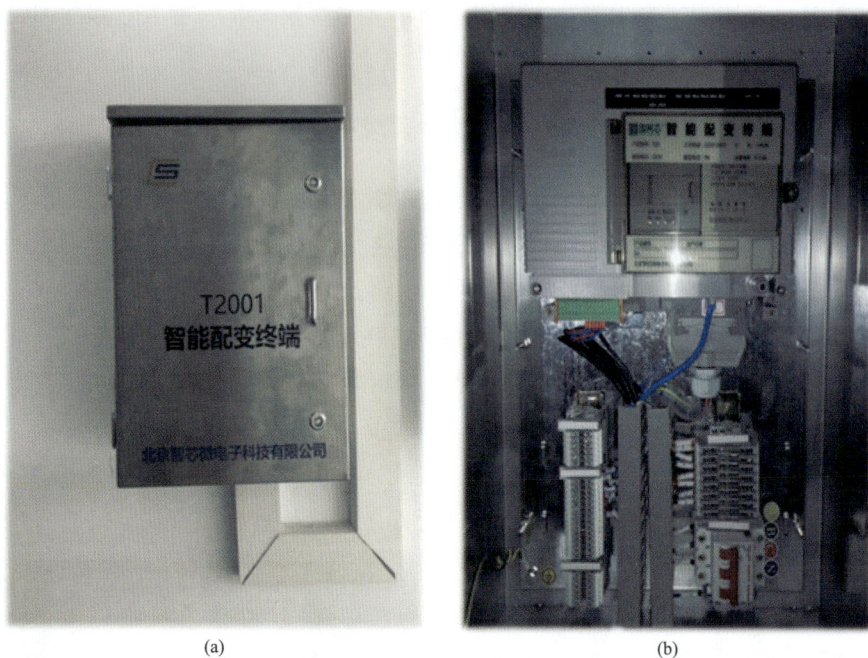

(a)   (b)

图 4.6-6 台区智能融合终端外挂式安装图

（a）整体安装图；（b）内部结构图

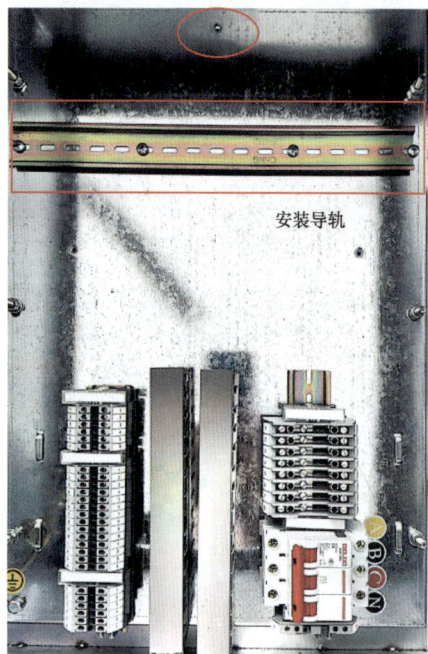

图 4.6-7 台区智能融合终端本体安装图

固定好，安装强电连接端子和端盖。

（2）导轨安装：在计量柜或背板（外挂箱）距离上端盖约 14～16cm 的位置，使用手枪钻将 2 颗 M4×8 自攻螺丝将长度约 35cm 导轨固定在背板上，将台区智能融合终端安装在导轨上并使用定位片进行固定。

（3）组合式安装：将悬挂安装和导轨安装两种安装方式结合起来，将台区智能融合终端进行固定，详见图 4.6-7。

4.6.18 台区智能融合终端安装步骤是什么？

答：（1）打开终端端盖和面板处翻盖，打开 4G 模块翻盖，安装 SIM 卡，安装 4G 天线、北斗天线、弱电端子，拧紧面板翻盖。台区智能融合终端外观见图 4.6-8。

（2）安装导轨，用自攻螺丝将终端安装

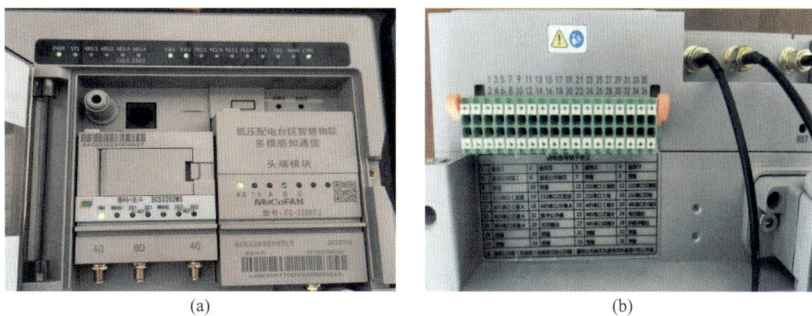

图 4.6-8 台区智能融合终端外观

(a) 终端整体外观；(b) 终端弱电端子排

（3）连接强电连接线：根据强电连接器端子线束中线号 13、14、15 三个接线为 U_A、U_B、U_C 三相电压，线号 16 为 U_N（中性线），线号 1、3、5、7 分别接 A、B、C、N 相电流输入，线号 2、4、6、8 分别接 A、B、C、N 相电流输出，详见图 4.6-9。

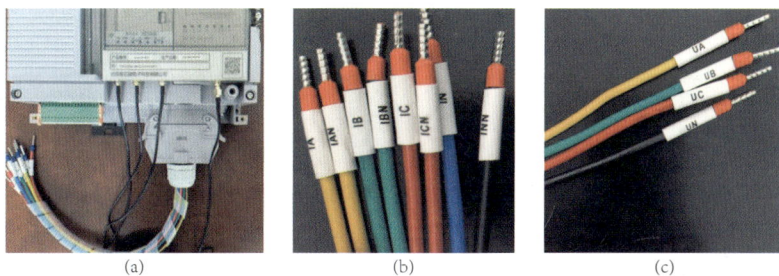

图 4.6-9 台区智能融合终端电流、电压输入图

(a) 终端航插；(b) 电流连接线；(c) 电压连接线

（4）连接弱电连接线：根据现场一次设备配置情况和主站监测需求，按照弱电连接器端子定义表连接 232、485、PT100 及四路遥信对应的连接线，弱电连接器端子定义图详见图 4.6-10。

端子号	端子定义	端子号	端子定义	端子号	端子定义	端子号	端子定义
1	DI I	10	NC	19	RS 485 I B	28	NC
2	DI II	11	RS232 I RX	20	RS 485 IV B	29	PT100 I+
3	DI III	12	RS232 II RX	21	RS 485 II A	30	PT100 II-
4	DI IV	13	RS232 I TX	22	NC	31	PT100 I-
5	DI COM I	14	RS232 II TX	23	RS 485 II B	32	PT100 II-
6	DI COM II	15	RS232 I GND	24	NC	33	PT100 I COM
7	NC	16	RS232 II GND	25	RS 485 III A	34	PT100 II COM
8	NC	17	RS 485 I A	26	NC	35	NC
9	NC	18	RS 485 IV A	27	RS 485 III B	36	NC

图 4.6-10 弱电连接器端子定义图

（5）当终端与现场设备接线完毕后，需检查整个回路是否接线正确。检查无误后方可给终端上电进行测试。

4.6.19　台区智能融合终端电源线如何接入?

答:台区智能融合终端电源线取于断路器的上口、下口的母排或进线处,将电缆(2.5mm²)使用螺栓和弹簧垫片固定在母排上,将输出端电缆接入空气开关和中性线端子上即可。

4.6.20　台区智能融合终端交流采样线如何接入?

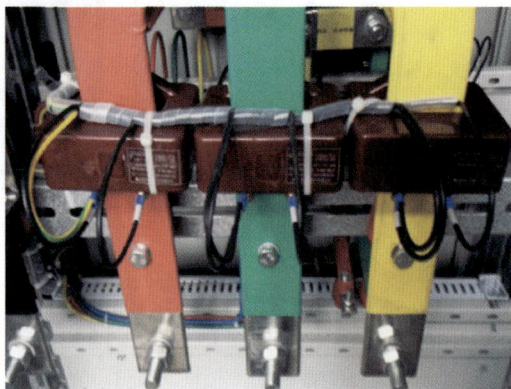

答:将新装的电流互感器从 S1 和 S2 端子引出分别接入电流 I+和 I-,电流互感器二次侧不允许开路,详见图 4.6-11。

4.6.21　电流互感器安装如何接线?　安装要求有哪些?

答:接线方式:将电流互感器安装在母排和电缆上并固定牢固,一次电流由 P1 流向 P2,则相同相位的二次电流应由 S1 流出至外接回路,再从 S2 流入绕组,详见图 4.6-12。

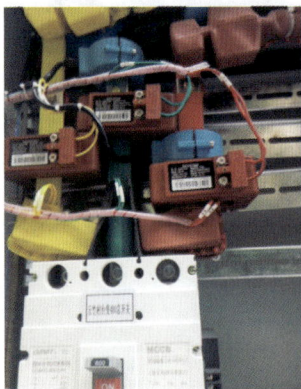

图 4.6-11　台区智能融合终端交流采样线接线图　　图 4.6-12　电流互感器安装图

安装要求:

(1)三个电流互感器的中心应在同一平面上,各互感器的间隔应一致,最后应把电流互感器底座良好接地。

(2)三相电路中,各相电流互感器变比和容量应相同。

(3)电流互感器的安装必须牢固,互感器外壳的金属外露部分应可靠接地。

(4)二次回路导线或电缆,均应采用铜线,电流互感器回路导线截面积不应小于 2.5mm²。

(5)二次回路导线排列应整齐美观,导线与电气元件及端子排的连接螺栓必须无虚接松动现象,导线固定位置距离应符合相关规程要求。

(6)同一组电流互感器应按同一方向安装,以保证该组电流互感器一次及二次回路电流的正方向均一致，并尽可能易于观察铭牌。

（7）电流互感器二次侧不允许开路，对二次双绕组互感器只用一个二次回路时，另一个二次回路应可靠短接。

（8）运行中发现电流互感器有不寻常振动的响声和发热现象时，应停止运行，进行检查处理。

4.7　终　端　调　试

4.7.1　故障指示器如何调试？

答：案例 1：以天津浩源汇能股份有限公司（简称天津浩源）故障指示器为例，调试过程如下。

（1）配置点表，根据主站要求点号配置相应点号和点表，见图 4.7-1。

图 4.7-1　故障指示器点表配置

（2）修改协议参数，并导出配置文件（保存路径为接口软件所在目录下"Custom-Config"文件夹中），见图 4.7-2。

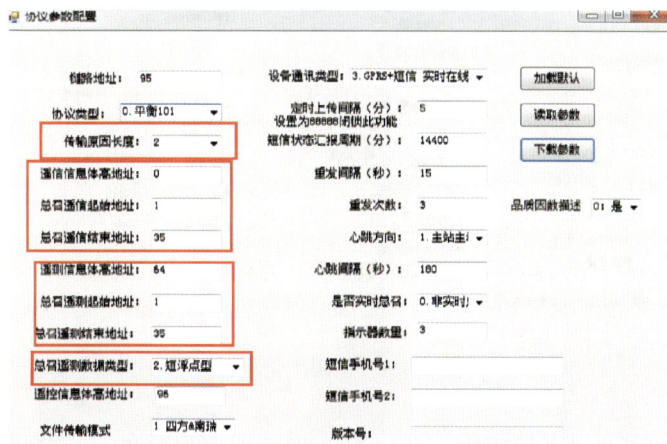

图 4.7-2　故障指示器参数配置

（3）利用模拟指示器进行调试，见图 4.7-3。

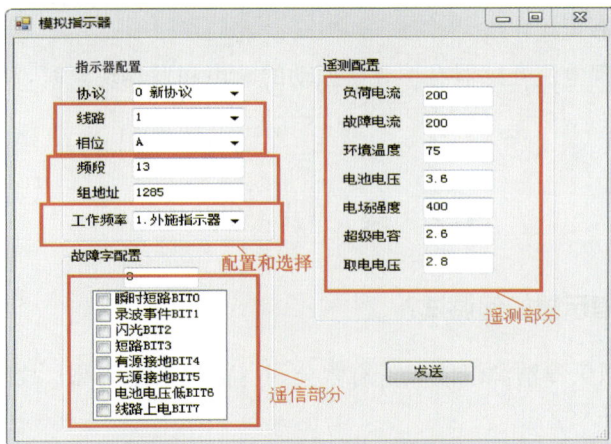

图 4.7-3　模拟指示器调试

（4）故障模拟时选择相应设备（外施指示器、录波指示器），组地址和频段必须与相应转发站无线模块相同，选择模拟线路、相位，勾选需上传的遥信值（闪光 BIT2必选）。

（5）"476 瞬时时间""遥测优化"为检测时使用，现场使用设置为 0、关闭，见图 4.7-4。

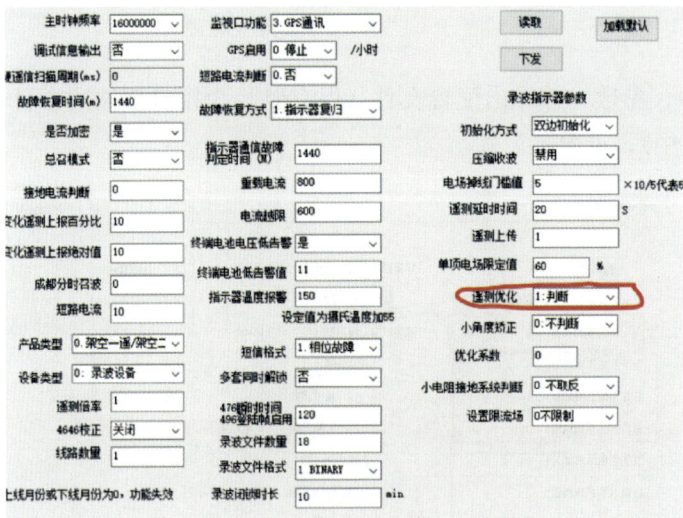

图 4.7-4　遥测优化配置

（6）电脑连接指示器无线搜索工装，打开指示器搜索软件，选择并打开对应串口，进行参数设置，见图 4.7-5。

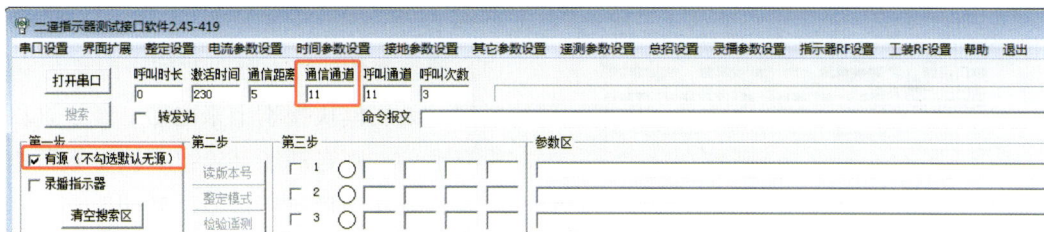

图 4.7-5 指示器搜索

（7）使用磁铁将指示器吸亮，点击"搜索"，搜索到以后，全选、装载、取版本，确保通信正常，然后进入"指示器 RF 设置"，通过读取、修改后写入，再读取验证的方式更改指示器频点和通信地址，见图 4.7-6。

图 4.7-6 指示器频点和通信地址修改

（8）指示器其他参数也可通过该维护软件进入相应菜单进行修改，修改完成后，要点击"强制复归"，将指示器退出维护模式。

案例 2：以北京科锐配电自动化股份有限公司（简称北京科锐）故障指示器为例，调试过程如下。

（1）硬件连接，接好无线搜索工装白盒模块，接好 RS-232 转 USB 串口线，在计算机的设备管理器里查询串口号，如 COM4。

（2）软件串口配置，打开接口软件，选择菜单栏"串口设置"配置串口号，见图 4.7-7。

(a)   (b)

图 4.7-7 串口设置

（a）接口软件图标；（b）串口设置

（3）点击"设置按钮"退出对话框，点击软件左上角"串口打开"按钮，打开串

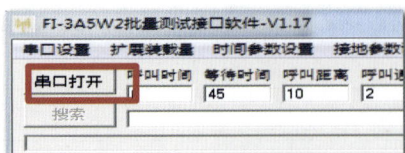

口，见图 4.7-8。

（4）搜索参数配置：呼叫时间，配置为 0；等待时间，无线模块搜索上来之后，经过这段时间没有通信，则自动断开连接，该参数可以结合自身的操作速度进行配置；呼叫距离，是无线通信信号强度，范围为 1～10，配置成 10

图 4.7-8　打开串口设置

通信距离最远，若在仓库内，多人操作，则尽量减小该值，避免相互干扰；呼叫通道，在磁铁触发模式下无用，默认为 2；通信通道，在磁铁触发模式下配置为 15；呼叫次数，重复呼叫的次数，默认为 3，见表 4.7-1。

表 4.7-1　　　　　　　　　　　　搜 索 参 数 配 置

序号	操作方式	操作方法
1	长吸	将磁铁靠近目标位置，灯亮之后一直保持不动，直至灯灭之后结束
2	短吸	将磁铁靠近目标位置，灯亮之后立刻挪开磁铁

（5）磁铁触发指示器功能：触发模拟故障和故障复归，磁铁触发位置在指示器卡线接口侧面（条形码一侧），模拟故障触发方式为短吸，模拟故障复归触发方式为长吸；触发并激活无线模块，磁铁触发位置在指示器卡线接口侧面（旋转体缺口一侧，即条形码对面一侧），激活触发方式为长吸，见图 4.7-9。

（6）搜索指示器无线模块：用磁铁激活无线模块，长吸目标位置，灯灭之后，立刻点击软件左上方"搜索"按钮，对无线模块进行搜索，左侧列表里会显示出目标指示器无线模块 MAC 地址，见图 4.7-10。

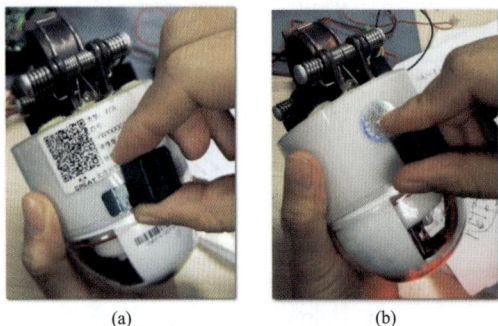

图 4.7-9　磁铁触发指示器功能

（a）触发模拟故障和故障复归；（b）触发并激活无线模块

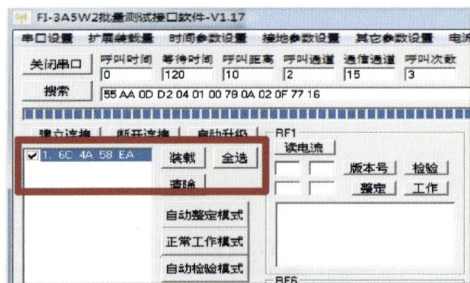

图 4.7-10　指示器无线模块搜索

（7）装载 MAC 地址与版本读取：选中要操作的地址，点击"装载"按钮，将要操作的指示器 MAC 地址装载到右侧界面，然后点击 MAC 地址对应框里的"版本号"按钮，可以查询指示器主板的程序版本号及产品型号，见图 4.7-11。

（8）配置指示器无线模块 RF 参数，点击菜单栏"终端 RF 参数"，打开 RF 参数配置界面。点击"读取"按钮，读取 RF 参数，修改好指示器的无线模块参数之后，记录一下该指示器 MAC 地址，以便于后续在通信终端中绑定物理地址使用，见图 4.7-12。

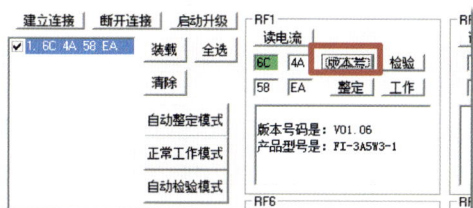

图 4.7-11 装载 MAC 地址与版本读取

图 4.7-12 指示器无线模块 RF 参数配置

（9）通信参数配置，"AU-串口"栏目，选择"通信属性"选项，配置通信参数。串口参数一般保持默认即 9600-N-8-1，只需要选择一下串口号即可。

（10）每个工程的项目都对应有一个主板运行的参数文件（.dat 格式），一般生产成套发货都会根据现场的需要将该文件下发到主板。如果现场需要更换主板或者主板参数出现问题需要重新导入时，售后人员需要先确认该工程使用的参数文件，然后将该文件先下发到主板里头，再操作其他项目，见图 4.7-13。

图 4.7-13 指示器参数文件下发

（11）地址绑定：目前架空终端最多可以实现一台终端配套 3 组指示器（9 只指示器），根据现场需求，对指示器的理地址进行绑定。例如，对于 1 组指示器应用场合，则将三只指示器物理地址分别绑定到 1A、1B、1C 物理地址中，见图 4.7-14。

（12）规约参数配置：现场每台设备子站地址都不一样，实际应该主站确认现场安装位置及链路地址，然后链路地址写入到终端运行参数子站地址中；单点/双点遥信起始地址，现场需要与主站确认单点遥信起始地址、双点遥信起始地址，然后将正确的参数写入到运行参数对应的位置。如果起始地址设置与主站不匹配，则故障上报时会出现点号错位，见图 4.7-15。

图 4.7-14　指示器地址绑定

图 4.7-15　规约参数配置

（13）遥信、遥测点表配置，与主站确认遥信、遥测点表信息，获取遥信、遥测点表列表。左侧是遥信点号数据库，包含该版本程序能支持的所有的遥信点号。右侧是主站需要上传遥信点号，根据主站提供的遥信点表项目及顺序，从左侧列表数据库中查找出相应点号，点击"添加"按钮，添加到右侧列表中，预留点号使用"单点预留 0"来占位。将接口软件界面切换到遥信点表配置界面；按照主站给的遥信点表配置好要上传的点号之后，点击"设置"按钮，将要上传的点号写入到主板中。写入成功之后，点击"查询"按钮，查询出数据之后，核对数据是否配置正确；遥测点表的配置方式与遥信点表的配置方式一样，在遥测点表界面中，按照上述的方式进行配置即可，需要预留的点用"遥测预留"点号进行占位，见图 4.7-16。

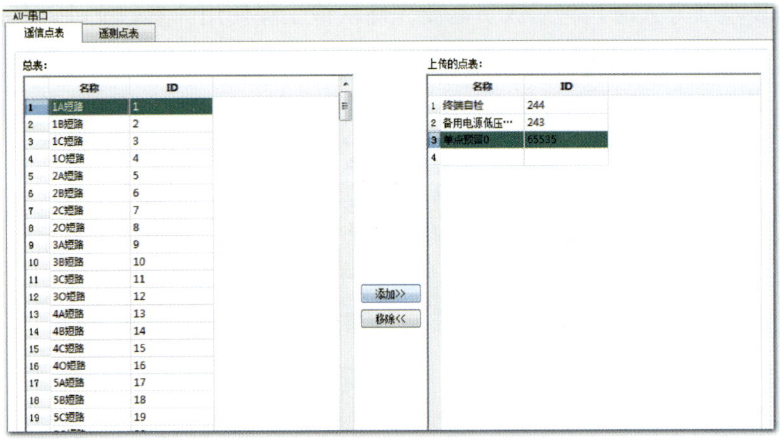

图 4.7-16　遥信、遥测点表配置

（14）联调验证工作，将界面切换到"事件记录"界面，然后用磁铁或者短路工装触发指示器发生短路故障，观察事件记录里的事件上报情况。故障正常上报，终端和指示器联调成功。

4.7.2 配电自动化终端调试时如何对供电电源进行检查?

答：用万用表对装置电源、通信电源、操作电源进行检查，判断接线是否存在短路，送上后备电源之后查看各输出电压是否正常。此处应注意：

（1）在现场安装电池接线时由于空间比较小，要注意电池正负极不能短路，还要在电池端子上套上绝缘套管并扎紧，确保电池不能短路。

（2）在送上电池电源时，要拧紧装置电源端子的短接片，确保核心单元的"三遥"都能正常供电。

（3）在送上操作电源之前，一定要确保操作电源的输出侧没有短路。

4.7.3 DTU调试时如何对三遥信息进行检查?

答：一是把电流的各个回路的端子A、B、C、N相及零序全部拧紧，电流端子中间的短接片打到闭合状态并检查拧紧，再用万用表检查，确保电流回路不能开路。

二是把母线电压的回路的端子A、B、C、N相全部拧紧，电流端子中间的短接片打到闭合状态并检查拧紧，再用万用表检查，确保电压不能短路。

三是用万用表检查遥控回路，正常时遥控是在开路状态，如果遥控短路就要检查遥控接线及核心单元板遥控是否有问题。

四是检查遥信的接线有没有松动，松动重新拧紧，见图4.7-17。

图 4.7-17 电流回路接线检查

4.7.4 DTU就地调试过程中遥信包含哪些内容及相关注意事项有哪些?

答：送上操作电源、交流电源、当设备正常运行之后：

一是打开召测视图，选择遥信召测，对每一路的开关柜的合闸、分闸、远方/就地信号分别动作，查看软件里的遥信变位信息是否和现场的开关位置一致。

二是对保护装置的各个功能进行调试，核对保护动作信息是否与模拟信息相一致。

注意：当遥信位置信号和开关位置不对应时，首先应短接遥信信号，查看遥信信号是否正常，不正常再排查遥信接线及遥信板。正常之后，再对开关的遥信进行排查。

4.7.5 DTU 就地调试过程中遥控包含哪些内容？相关注意事项有哪些？

答：在检查 DTU 的遥控回路和接线端子正常后，开关柜远方/就地把手打到远方位置，投入 DTU 的分/合闸压板，在控制视图里对每一路的遥控进行分合闸控制。同时也要对压板及远方/就地把手进行检查，在压板退出时遥控失败，说明压板正常；在开关柜打到就地时遥控失败说明远方/就地开关正常。

注意：对 DTU 进行遥控但没有成功时，首先要排查 DTU 遥控端有没有脉冲输出，然后再排查开关柜的接线是否正常。

4.7.6 DTU 就地调试过程中电流遥测包含哪些内容？相关注意事项有哪些？

答：开关柜 A、B、C 相分别在一次侧加电流，如果召测数值和给定值一致，说明遥测正常。此方法可验证电流互感器至 DTU 终端的电流回路接线是否正确，如一次侧不方便加电流，可用继电保护测试仪在电流回路的二次侧加相应的电流。

注意：在测量遥测时，如果遥测值误差比较大，先查看接线是否正确。接线正确后，把 DTU 的遥测外部接线断开，用继电保护测试仪直接加在 DTU 侧，查看 DTU 的遥测精度。如果 DTU 无异常，则需对开关柜至 DTU 之间的电流回路进行检查。

4.7.7 DTU 和主站进行通信的调试有哪些？

答：DTU 和主站进行通信的调试主要为通道的调试，结合给定 IP 地址进行设置后，用电脑连接 DTU 终端的通信接口进行 ping 主站的 IP 地址或者在主站端 ping DTU 终端的 IP 地址，如果正常，则 DTU 端至主站间的通道正常；如果 ping 不通，说明通信通道不通，见图 4.7-18。

图 4.7-18 环网柜通道测试

4.7.8 站房类设备开关联调的项目有哪些?

答:(1)分合闸试验:包含就地分合闸、本地分合闸、远方分合闸。就地分合闸试验是指在 DTU 柜内进行开关的分合闸操作,此项操作需要将 DTU 柜内的远方/就地(本地)把手打至就地(本地)、开关柜本体的远方/就地(本地)把手打至远方,将其余开关柜的远方/就地(本地)把手打至就地(本地),操作完毕后查看开关本体是否正确动作、主站端各项信息是否正确;本地分合闸试验是指在开关柜本体上进行开关的分合闸试验,此项操作需要将开关柜本体的远方/就地(本地)把手打至就地(本地),操作完毕后查看 DTU 端、主站端各项信息是否正确;远方分合闸试验是指在主站端进行开关的分合闸,此项操作需要将 DTU 柜内的远方/就地(本地)把手打至远方、开关柜本体的远方/就地(本地)把手打至远方,将其余开关柜的远方/就地(本地)把手打至就地(本地),操作完毕后查看开关本体是否正确动作、主站端各项信息是否正确。

(2)传动试验:用继电保护测试仪按照调度给定的保护定值进行模拟试验,为确保唯一性及准确性,在进行试验时,退出其余不相关的保护功能,保护动作后查看开关是否正确动作,主站及 DTU 端动作信息是否正确。注:当采用 DTU 的保护进行模拟试验时,应退出其余间隔的分闸、合闸压板。

4.7.9 一二次融合成套柱上开关联调项目有哪些?

答:(1)分合闸试验:包含就地分合闸、远方分合闸。就地分合闸试验指在本地进行开关的分合闸试验,此项操作需要将 FTU 的远方/就地(本地)把手打至就地(本地),操作完毕后查看柱上开关动作是否正确,FTU、主站端各项信息是否正确;远方分合闸试验是指在主站端进行开关的分合闸,此项操作需要将 FTU 的远方/就地(本地)把手打至远方,操作完毕后查看开关本体是否正确动作、主站端各项信息是否正确。

(2)传动试验:用继电保护测试仪按照调度给定的保护定值进行模拟试验,为确保唯一性及准确性,在进行试验时,退出其余不相关的保护功能,保护动作后查看开关是否正确动作,主站及 DTU 端动作信息是否正确。

4.7.10 台区智能融合终端的调试分为哪几个阶段?

答:台区智能融合终端的调试一般分为本地调试(预调试)与主站联调(交接验收)两个阶段。

4.7.11 台区智能融合终端调试前准备哪些工具、软件及设备?

答:调试专用笔记本电脑、网线、串口线、测试 Ukey、正式 Ukey、SIM 卡、万用表、螺丝刀、Xshell 软件、证书管理工具、虚拟串口软件、串口调试工具,见表 4.7-2。

表 4.7-2   台区智能融合终端调试工具清单

序号	名称	作用	备注
1	网线	连接终端 FE 网口	
2	RS-232/RJ-45 转换线	连接终端测试端口	
3	USB/RS-232 转换线	将 PC 机 USB 转换串口	无串口的 PC 机需要该线
4	RS-232 转 RS-485 线	测试下行设备	
5	USB 转 microUSB	程序管理	
6	笔记本电脑	计算机	具备 USB 和网口
7	SCMSoftSuit 软件	程序管理	烧程序
8	DL698-45 软件	设置 698App 参数	
9	Mobaxterm 软件	调试软件	
10	FA-1080	调试软件	
11	USR-VCOM	密钥管理	有人串口助手
12	配电终端证书管理工具	密钥管理	
13	螺丝刀	装卸终端	一字 3.2×150
			十字 6×150
14	万用表	调试测量	
15	插排	设备取电	

4.7.12 台区智能融合终端的本地调试应完成哪些工作？

答：（1）提前申请好通信物联网卡，终端 4G 模块卡槽内插入 SIM 卡，合上电源空气开关后设备上电，并做好台账记录以便与主站联调时给主站提供信息。

（2）查看终端电源、运行、通信等状态指示灯是否运行正常，本体指示灯说明，见图 4.7-19。

定义	指示灯含义	颜色	指示灯说明
PWR	电源工作状态	绿色	常亮：正常上电
SYS	设备运行状态	红、绿双色灯	红、绿灯均不亮：软件未运行或正在复位 绿色慢闪：系统正常运行状态 绿色快闪：系统处于上电加载或者复位启动状态 红色常亮：单板有影响业务且无法自动恢复的故障，需要人工干预
RS-485/1	RS-485 I 口通信状态	绿色	
RS-485/2	RS-485 II 口通信状态	绿色	
RS-485/3	该端口可在 RS-485 或 RS-232 端口间切换，指示 RS-485 III 或者 RS-232 I 通信状态	绿色	快闪：表示有数据传输 常灭：表示无数据传输
RS-485/4	该端口可在 RS-485 或 RS-232 端口间切换，指示 RS-485 IV 或者 RS-232 II 通信状态	绿色	
SW1	指示第三路 RS-485 端口的工作模式	绿色	灯亮：工作在 RS-485 模式 灯灭：工作在 RS-232 模式
SW2	指示第四路 RS-485 端口的工作模式	绿色	灯亮：工作在 RS-485 模式

图 4.7-19 台区智能融合终端本体指示灯说明

注意：电源（PWR）指示灯（绿色）常亮则表示正常上电；运行（SYS）指示灯（红、绿双色灯）均不亮，则表示软件未运行或正在复位，绿色慢闪则表示系统正常运行，绿色快闪则表示系统处于上电加载或者复位启动状态，红色常亮则表示单板有影响业务且无法自动恢复的故障，需要人工干预。

（3）笔记本电脑连接终端，修改电脑 IP 与终端 IP 在同一网段内，打开调试软件。

（4）准备好正式 Ukey 及中国电力科学研究院有限公司已签发的正式证书，并导入。

（5）终端配置点表、通信参数及其他内部参数。

4.7.13 台区智能融合终端的主站联调内容有哪些?

答：（1）确定终端具体安装位置，并与主站确认系统图模是否正确（须与现场保持一致），核实正确后建立通道及数据库；若不正确，及时联系图模维护人员进行自动化图模推送。

（2）终端有唯一的通信 IP 和设备 ID 号，且终端与主站系统相一致。

（3）通过本地查看终端通信指示灯（绿色常亮）或在配电自动化主站系统中查看终端是否在线以及终端时钟是否与系统主站同步。

（4）综合配电箱智能断路器、电容器调试接入。

（5）对终端的遥信、遥测功能进行调试，主要通过软件模拟加量读取电压、电流等数据或现场实采通过 Xshell 软件读取数据并与主站收到数据进行核对。

具体调试流程见附录 A。

4.7.14 台区智能融合终端调试时注意事项有哪些?

答：（1）调试前需检查 SIM 卡是否正常，正确安装 SIM 卡后查看 4G 模块指示灯，4G 模块指示灯说明见图 4.7-20。

定义	指示灯含义	颜色	指示灯说明
PWR	电源状态指示	绿色	常亮：系统供电正常 常灭：系统无供电
WWAN	模块通信状态指示	绿色	常亮：4G模块处于连接/激活状态 快闪：4G模块有数据传输 常灭：4G模块处于未连接/未激活状态
2G	模块工作模式状态指示	绿色	2G指示灯常亮：模块工作在2G模式 3G指示灯常亮：模块工作在3G模式
3G		绿色	2G和3G常亮：模块工作在4G模式 2G和3G常灭：模块工作异常或者未注册

图 4.7-20 4G 模块指示灯说明

（2）SIM 卡安装合适后，连接 Xshell 软件，输入 ifconfig 读取 ppp-0 或 ppp-1 两张 SIM 卡 IP 地址，能正确读取到 IP 地址则可判断 SIM 正常。

（3）调试前检查台区智能融合终端电流线是否接线正确，避免接线错误而损坏终端。电流线正确接法：线号 1、3、5、7 分别接 A、B、C、N 相电流输入，线号 2、4、

6、8 分别接 A、B、C、N 相电流输出，若与此接法不一致则重新接线。

（4）调试过程中需仔细谨慎，逻辑清楚，参数设置正确，避免所有参数配置完成后终端无法正常上线。

4.8 主 站 接 入

4.8.1 手动图模维护存在问题及目前解决方式是什么？

答：配电自动化系统中绘制线路单线图存在以下问题：①工作人员编辑图形时工作量大且当线路发生异动时，需要手动对图形进行再次绘制和编辑；②手画的线路单线图中所包含的设备信息少，且与现场设备的实际位置在线路长度比例上不对应；③绘制完图形后，还需要手动在数据库中的馈线表、开关站表、配网开关刀闸表、配网母线表中添加设备信息，以最终完成图模库一体化的录入工作，工作量大。

随着配电自动化水平的提高和对配电自动化实用化水平的高要求，最初的手画图形的方式已经不能满足工作人员的需求，因此，配网图形管理采用 GIS 导图模式，即将地理信息系统即 GIS 系统中的线路单线图导入到配电自动化主站系统中。配电自动化主站系统（如 SCADA 系统）则可以实现实时数据的采集与监控，最终实现图形的实用化。

4.8.2 GIS 导图与手工绘图相比有哪些优点？

答：GIS 导图与手工绘图相比，有以下优点：①使用 GIS 系统中的线路单线图可以实现一方维护，多方使用，实现资源利用最大化；②GIS 系统中线路单线图的信息准确度高，其设备在单线图中的位置是根据其实际地理位置按相应比例绘制而成，使工作人员对设备之间的相对位置清晰明了；③GIS 导图这一模式可以省去自动化人员手工绘制图形和完善数据库信息的工作量，图形导入配电自动化系统后，相关的模型信息会自动在数据库中生成，不需要在数据库中手动添加设备信息，工作量大大减少并且可靠性高。

4.8.3 图模维护的管理流程是什么？

答：图模维护工作流程需要多部门配合，在整个成图的过程中需要设备管理单位、配电自动化主站运维人员及配网调度人员共同参与完成。其中设备管理单位是配网设备的直接维护者和管理者，对所有配网设备的现场实际状况，包括设备的名称、位置、线路的异动等最为熟悉；配电自动化主站运维人员作为配电自动化主站系统的管理者和维护者，需熟练掌握 SCADA 系统操作；配网调度人员作为图形的使用者，需审核导入自动化主站系统的图形是否可用，经确认可用后才能将图形投入使用。

4.8.4 在图模维护过程中各部门职责是什么？

答：设备管理单位作为源端发起侧，负责登录系统（PMS 系统、同源维护系统或云主站图模维护系统）对图形和所包含设备信息的维护，主要包括绘制单线图、录入图中的设备信息属性。配电自动化主站系统运维人员作为终端接收侧负责将图形和模型文件导入配电自动化主站系统中，并将图形中所包含的自动化改造设备进行图模库一体化工作并完善画面信息，以最终实现图形的实用化（自动化设备具备二遥或三遥功能）。配网调度人员作为图形最终的使用者，负责对单线图中设备的监控和调度。

4.8.5 图模维护及异动所需的资料有哪些？

答：接入终端的设备管理单位负责向配电自动化主站提报"图模异动申请单"，同时在系统中（PMS 系统、同源维护系统或云主站图模维护系统）进行新设备的图模异动，并发起系统流程，然后由主站运维负责人和调度中心负责人签字并交由本地运维人员进行图模异动维护（导图工作）。

4.8.6 云主站图模维护系统如何绘制配网基础图形？

答：（1）配网单线图：图模维护界面点击左侧设备树选择变电站右击新建馈线，选择出线点，添加线路设备，生成配网单线图，一键生成基本台账，见图 4.8-1。

（2）低压台区图：图模维护界面选中一条馈线，点击打开馈线下所属设备，选中变压器右击新建低压台区，添加线路设备，生成低压台区图，一键生成基本台账，见图 4.8-2。

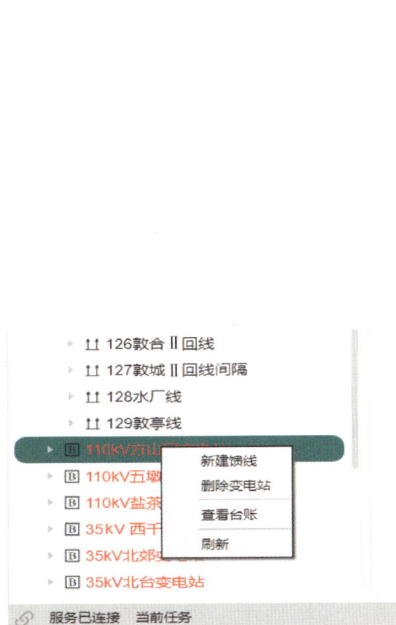

图 4.8-1　配网单线图绘制

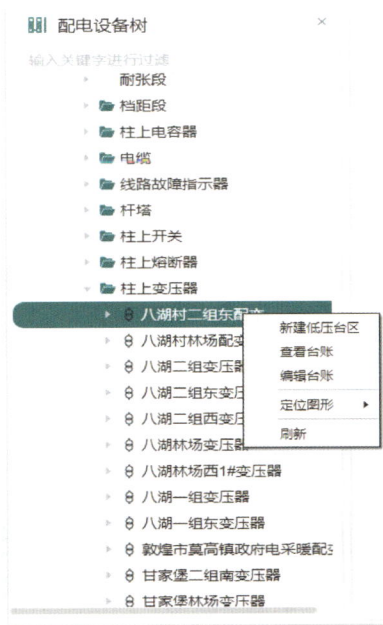

图 4.8-2　低压台区图绘制

4.8.7 在云主站图模维护系统如何同步主网模型?

答:在图模维护界面点击左侧设备树变电站右键新建馈线,选择正确的出线开关,点击确定生成馈线起点变电站,见图 4.8-3。

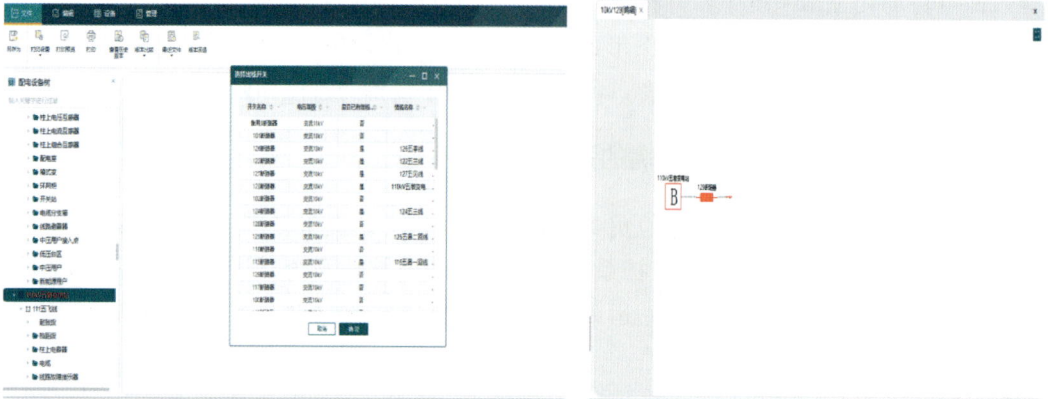

图 4.8-3 云主站图模维护系统同步主网模型

4.8.8 在云主站图模维护系统如何进行图纸版本管理?

答:(1)配网单线图:图模维护界面点击左侧设备树变电站选中一条馈线,右击编辑单线图,对线路设备进行异动删改后保存数据检查流程通过后,选择上方导航栏"文件"入口展开,点击版本比较选中同稳定版本比较,新增异动设备在图纸上会呈现不同的颜色区分。

(2)低压台区图:图模维护界面点击左侧设备树选中一条馈线,右击打开单线图下方所属设备,打开低压台区栏,选中台区右击编辑台区图,对线路设备进行异动删改后保存数据检查流程通过后,选择上方导航栏"文件"入口展开,点击版本比较选中同稳定版本比较,新增异动设备在图纸上会呈现不同的颜色区分。

(3)站内一次图:图模维护界面点击左侧设备树选中一条馈线,右击编辑单线图,选中站房右击查看子站图对站内设备进行异动删改后保存数据检查流程通过后,选择上方导航栏"文件"入口展开,点击版本比较选中同稳定版本比较,新增异动设备在图纸上会呈现不同的颜色区分。

4.8.9 在云主站图模维护系统如何进行图纸打印?

答:(1)配网单线图:图模维护界面点击左侧设备树选中一条馈线,右击编辑单线图。选择上方导航栏"文件"入口展开,点击打印按钮跳转到打印预览界面,选择打印设置然后打印，见图 4.8-4。

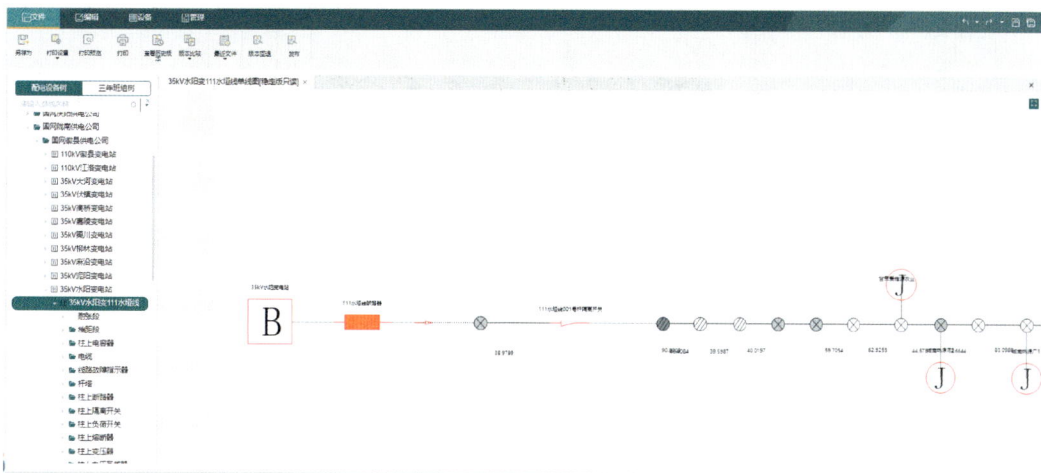

图 4.8-4　配网单线图打印

（2）低压台区图：图模维护界面点击左侧设备树选中一条馈线，右击打开单线图下方所属设备，打开低压台区栏，选中台区右击编辑台区图。选择上方导航栏"文件"入口展开，点击打印按钮跳转到打印预览界面，选择打印设置然后打印，见图 4.8-5。

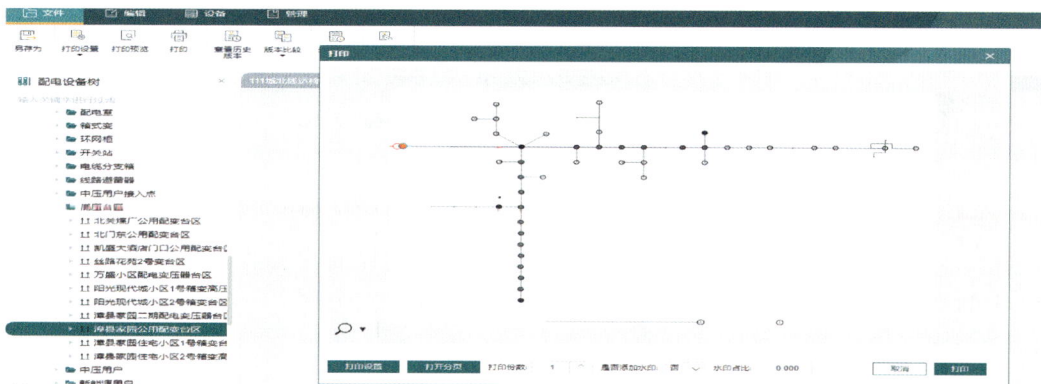

图 4.8-5　低压台区图打印

（3）站内一次图：图模维护界面点击左侧设备树选中一条馈线，右击编辑单线图，选中站房右击查看子站图。选择上方导航栏"文件"入口展开，点击打印按钮跳转到打印预览界面，选择打印设置然后打印，见图 4.8-6。

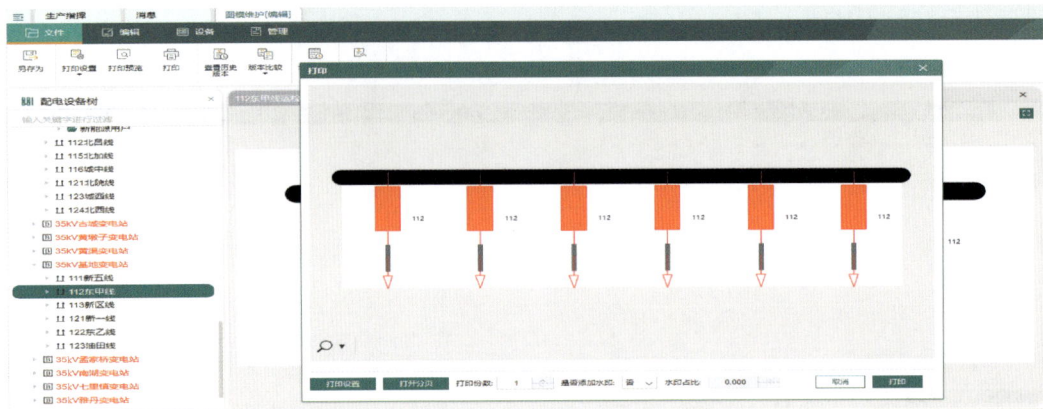

图 4.8-6　站内一次图打印

4.8.10　在云主站图模维护系统如何进行图数质量综合检查?

答:图模维护界面点击左侧设备树选中一条馈线,右击编辑单线图。选择上方导航栏"编辑"入口展开,点击数据检查按钮,对图数质量、连通性、电源点、遗漏设备、设备台账关联有效性等进行综合检查,错误类型和修改提示在下方展开,见图 4.8-7。

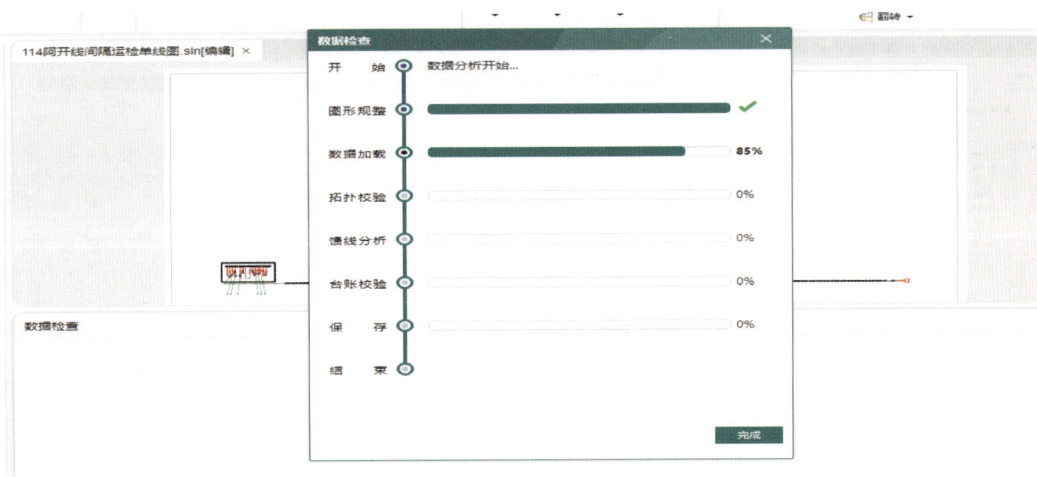

图 4.8-7　图数质量综合检查

4.8.11　在云主站图模维护系统如何进行图纸模板管理?

答:(1)单线图:图模维护界面,选择上方导航栏"管理"入口展开,选择图纸模板点击模板管理按钮选择单线图,可选择私有模板、公共模板、单线图标准模板,见

图 4.8-8。

图 4.8-8 单线图图纸模板管理

（2）低压台区图：图模维护界面，选择上方导航栏"管理"入口展开，选择图纸模板点击模板管理按钮选择低压台区图，可选择私有模板、公共模板、柱上变压器起点的低压台区图标准模板、站房起点的低压台区图标准模板，见图 4.8-9。

（3）站内一次图：图模维护界面，选择上方导航栏"管理"入口展开，选择图纸模板，点击模板管理按钮，选择配网子站图，展开开关站、配电室、环网柜、箱式变压器等，可选择私有模板、公共模板等，见图 4.8-10。

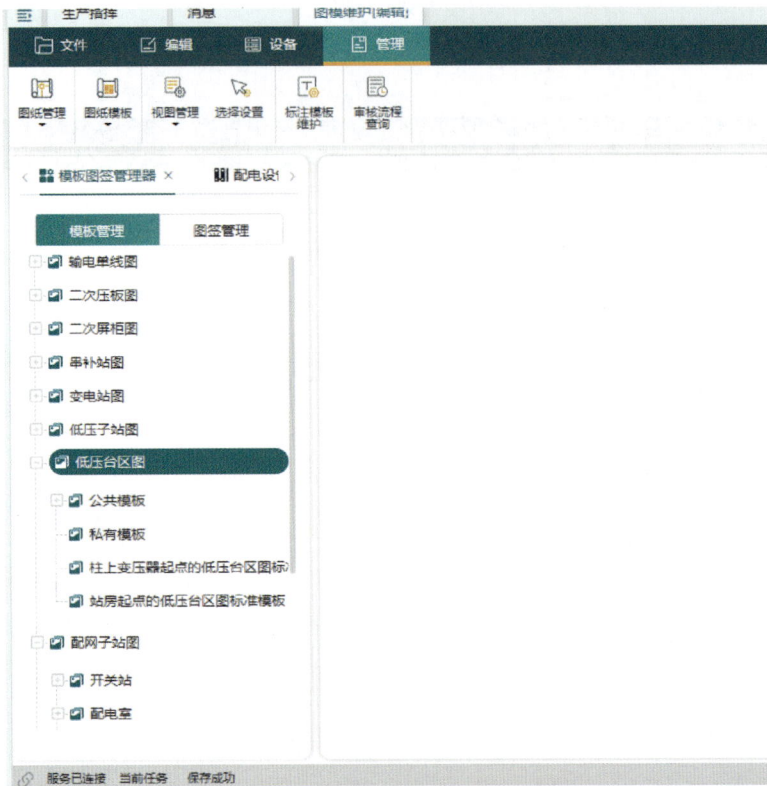

图 4.8-9 低压台区图图纸模板管理

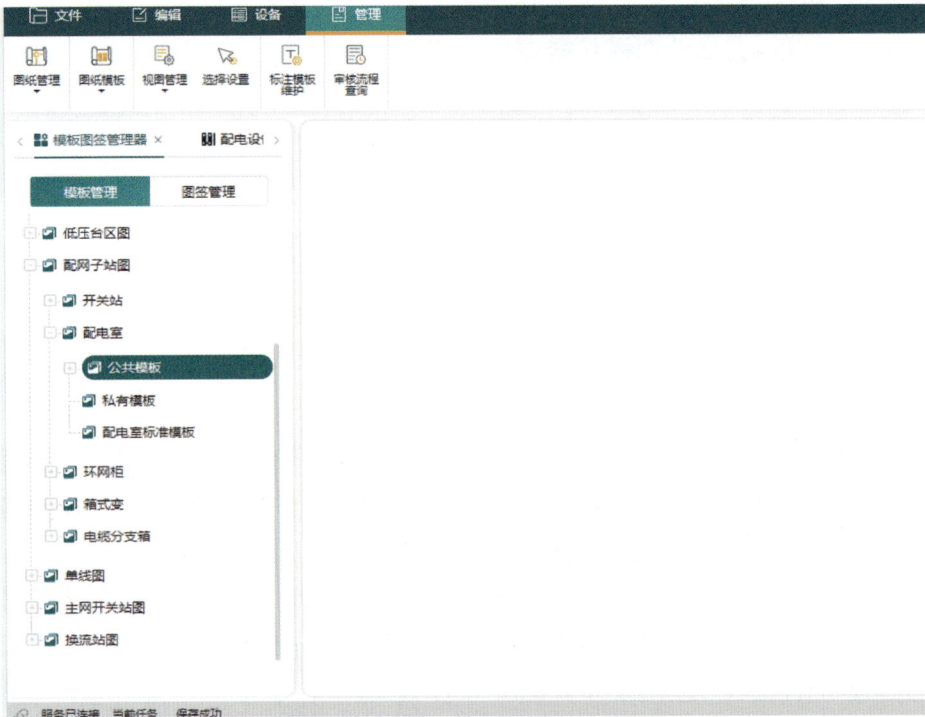

图 4.8-10 站内一次图图纸模板管理

4.8.12 在云主站图模维护系统如何进行图签模板管理?

答:图签功能已经插入图纸中,自动计算参数,见图 4.8-11。

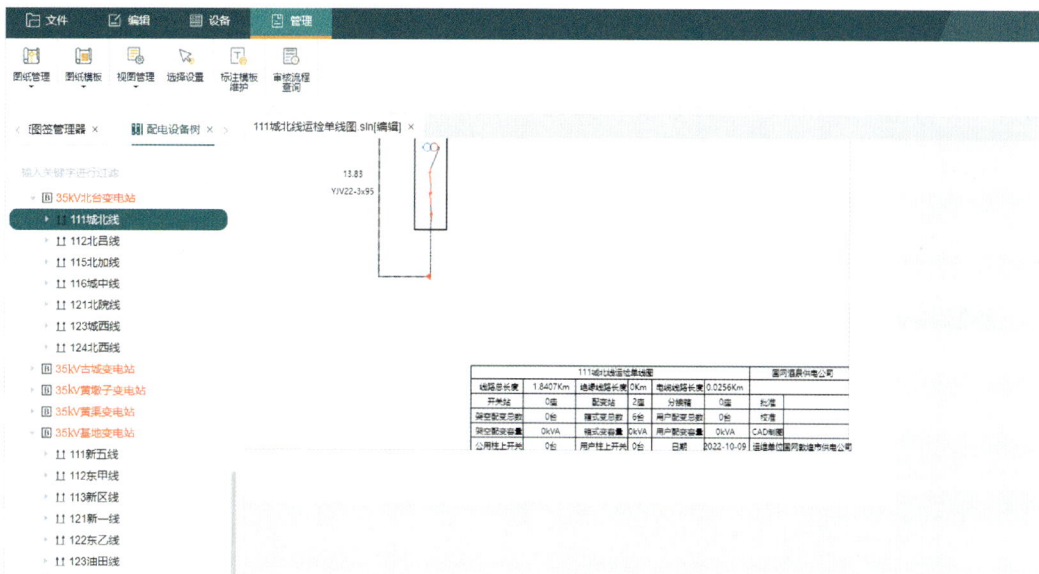

图 4.8-11 图签模板管理

4.8.13 在云主站图模维护系统如何进行标注模板管理?

答:图模维护界面点击左侧设备树选中一条馈线,右击编辑单线图,选择上方导航栏"管理"入口展开,选中标注模板维护打开选择需要修改的设备类型,选择备选标注项内容点击保存,见图 4.8-12。

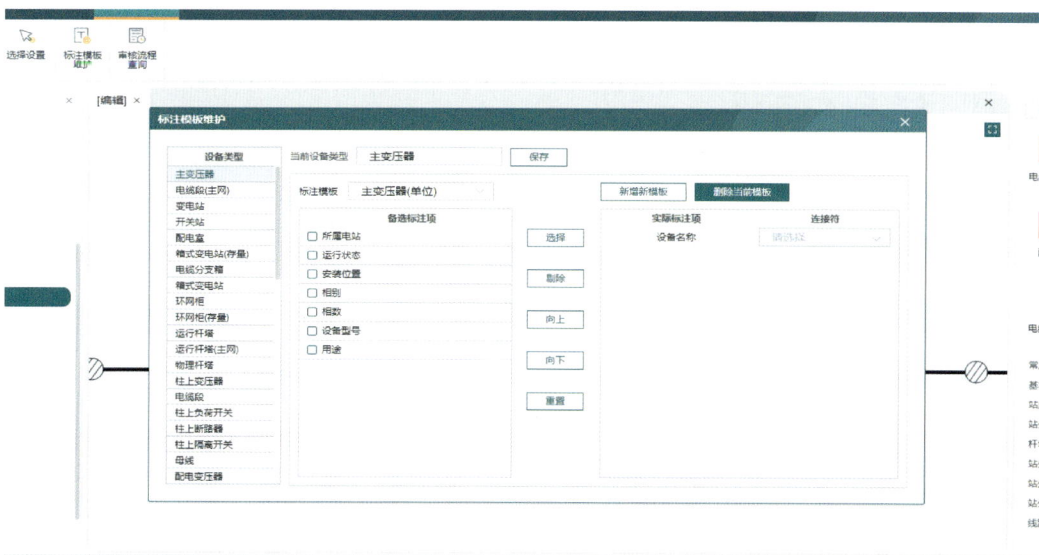

图 4.8-12 标注模板管理

4.8.14 在云主站图模维护系统如何新建设备台账?

答：图模维护界面点击左侧设备树选中一条馈线，右击编辑单线图，完成设备图形绘制。框选图纸上新建设备图形，选择上方导航栏"设备"入口展开，点击台账批量维护。设备所属线路、维护班组、所属地市等属性根据大馈线属性自动生成，台账填写完毕保存，在设备树选中馈线右击刷新展开，选中新建设备类型，可展示台账，见图4.8-13。

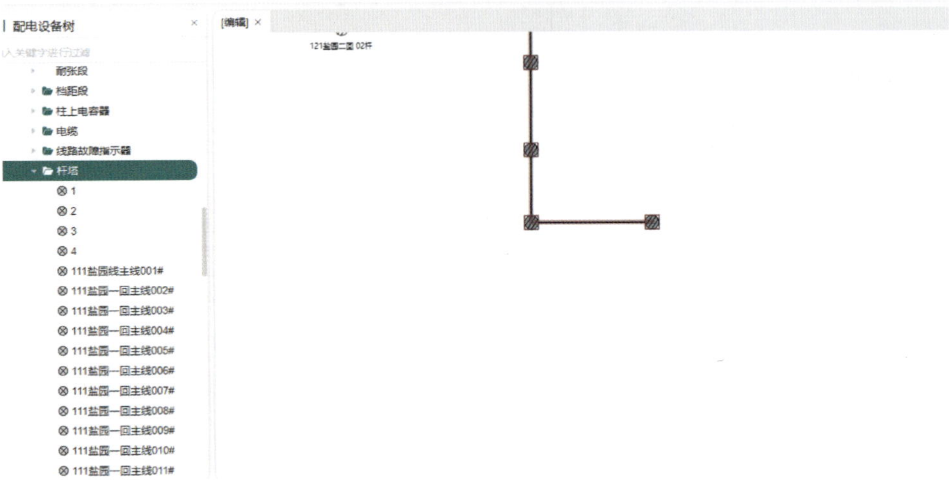

图 4.8-13　设备台账新建

4.8.15 在云主站图模维护系统如何自动维护设备台账参数?

答：图模维护界面点击左侧设备树选中一条馈线，右击编辑单线图，对线路设备进行异动删改保存数据后，选择上方导航栏"编辑"入口展开，点击数据检查通过，异动设备所属线路、维护班组、所属地市等属性根据大馈线属性自动生成，见图4.8-14。

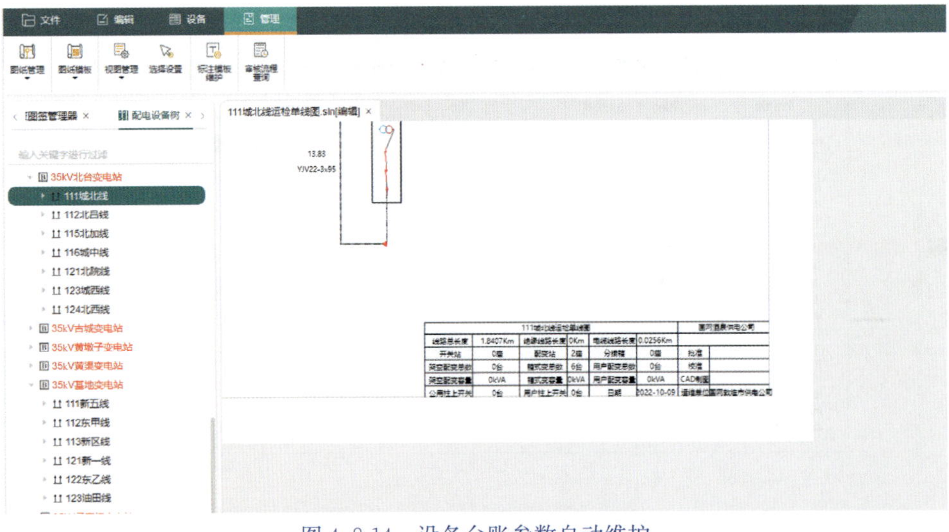

图 4.8-14　设备台账参数自动维护

4.8.16 在云主站图模维护系统如何进行设备台账浏览和编辑？

答：图模维护界面点击左侧设备树选中一条馈线，右击编辑单线图，选中设备右击浏览或编辑台账。还可以在图模维护界面点击左侧设备树选中一条馈线，展示馈线下方所属设备，选中设备右击浏览或编辑台账，见图4.8-15。

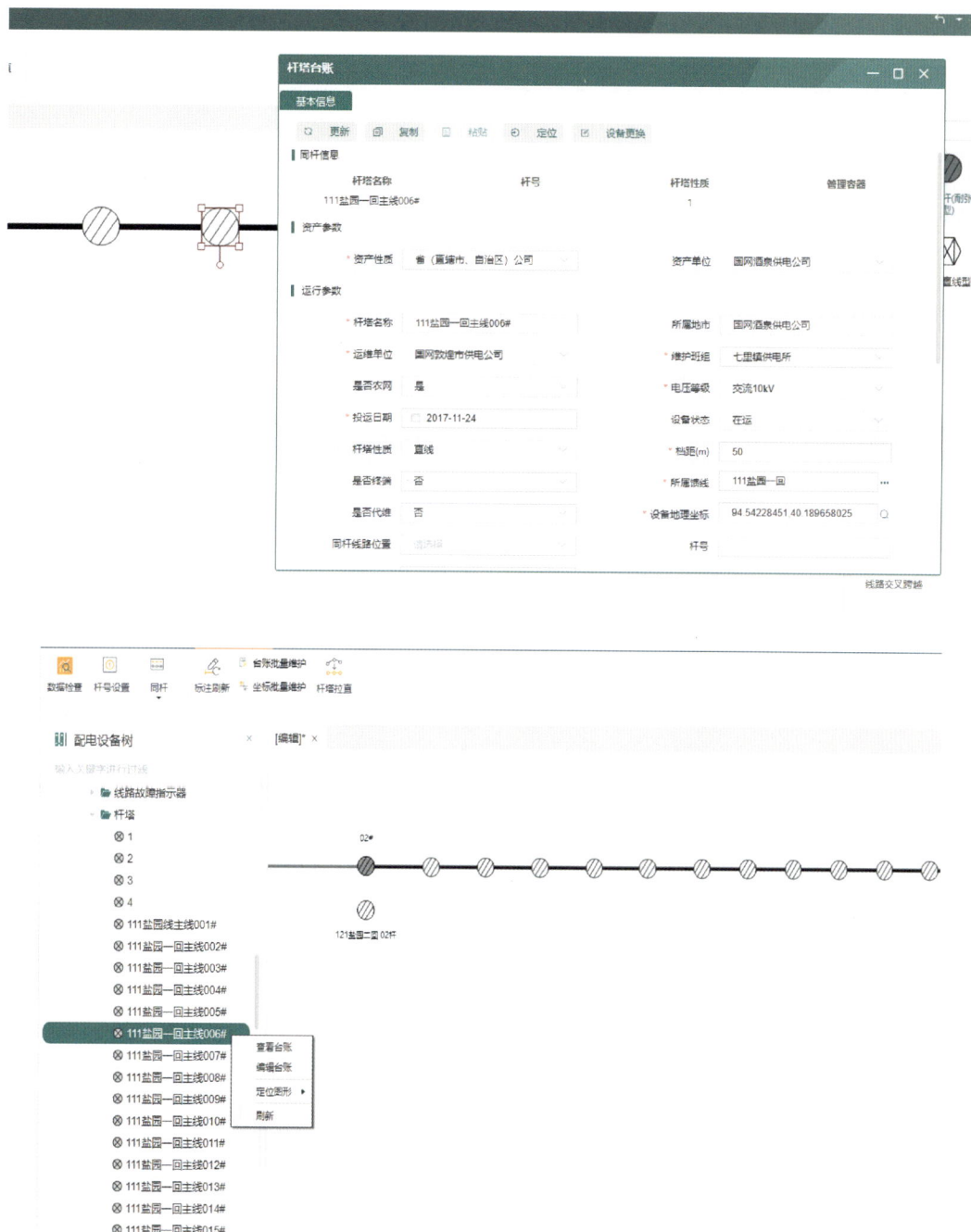

图 4.8-15 设备台账浏览和编辑

4.8.17　在云主站图模维护系统如何进行杆塔编号设置?

答:图模维护界面点击左侧设备树选择变电站右击新建馈线,添加杆塔等设备,点击客户端右侧的杆塔编号按钮展开,点击图形选杆,选中首杆,然后按住 shift 点击尾杆,修改前称和后缀点击确定,见图 4.8-16。

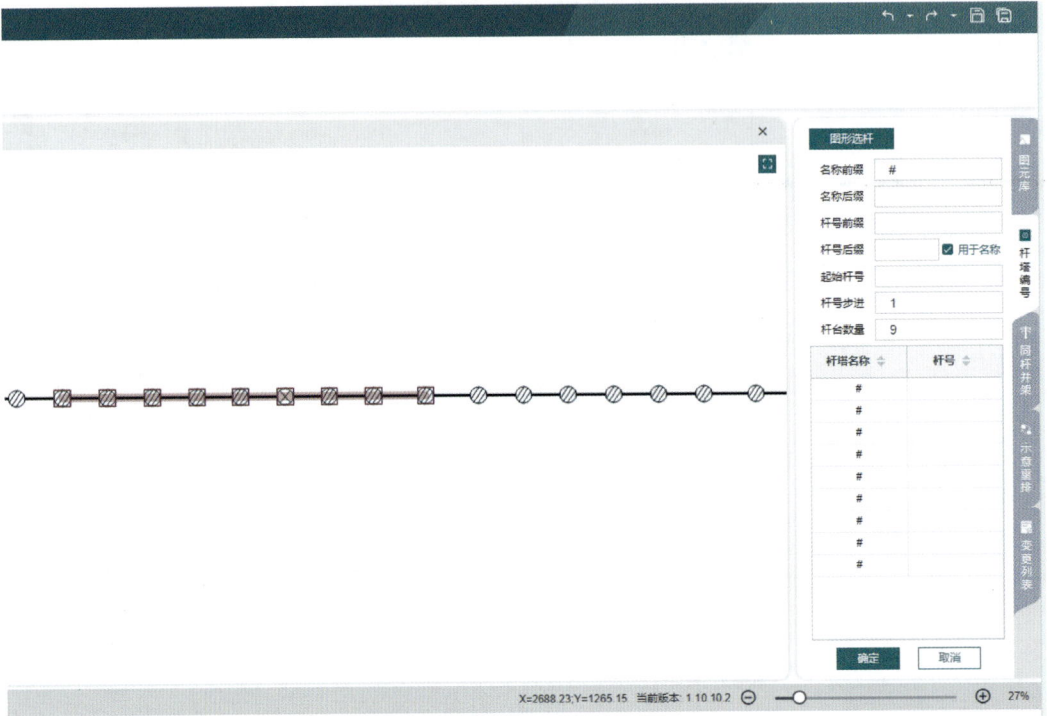

图 4.8-16　杆塔编号设置

4.8.18　在云主站图模维护系统如何进行杆塔子设备台账维护?

答:图模维护界面点击左侧设备树,点击变电站展开选中一条馈线,右键编辑单线图打开,选中杆塔右键设备台账,修改编辑杆塔子设备台账。

4.8.19　在云主站图模维护系统如何批量维护设备台账?

答:图模维护界面点击左侧设备树,点击变电站展开选中一条馈线,右键编辑单线图打开,批量框选设备,选择上方导航栏"设备"入口展开,点击台账批量维护,可导出表格,批量处理台账数据,见图 4.8-17。

图 4.8-17　批量维护设备台账

4.8.20　在云主站图模维护系统如何批量导入设备坐标?

答:图模维护界面点击左侧设备树,点击变电站展开选中一条馈线,右键编辑单线图打开,批量框选设备,选择上方导航栏"设备"入口展开,点击坐标批量维护,可导出表格,批量处理坐标数据,见图 4.8-18。

图 4.8-18　批量导入设备坐标

4.8.21 在云主站图模维护系统如何维护同杆架设线路?

答:图模维护界面点击左侧设备树,点击变电站展开选中一条馈线,右键编辑单线图打开,点击右侧同杆并架展开,点击"同杆线路"选杆选中需要同杆的杆塔首杆,按住 shift 键选中尾杆。打开与之同杆的另一条线路的单线图,点击"待同杆线路"选杆选中首杆,按住 shift 键选中尾杆。设置同杆距离同杆方向,点击下方预览确认无误,点击生成同杆,见图 4.8-19。

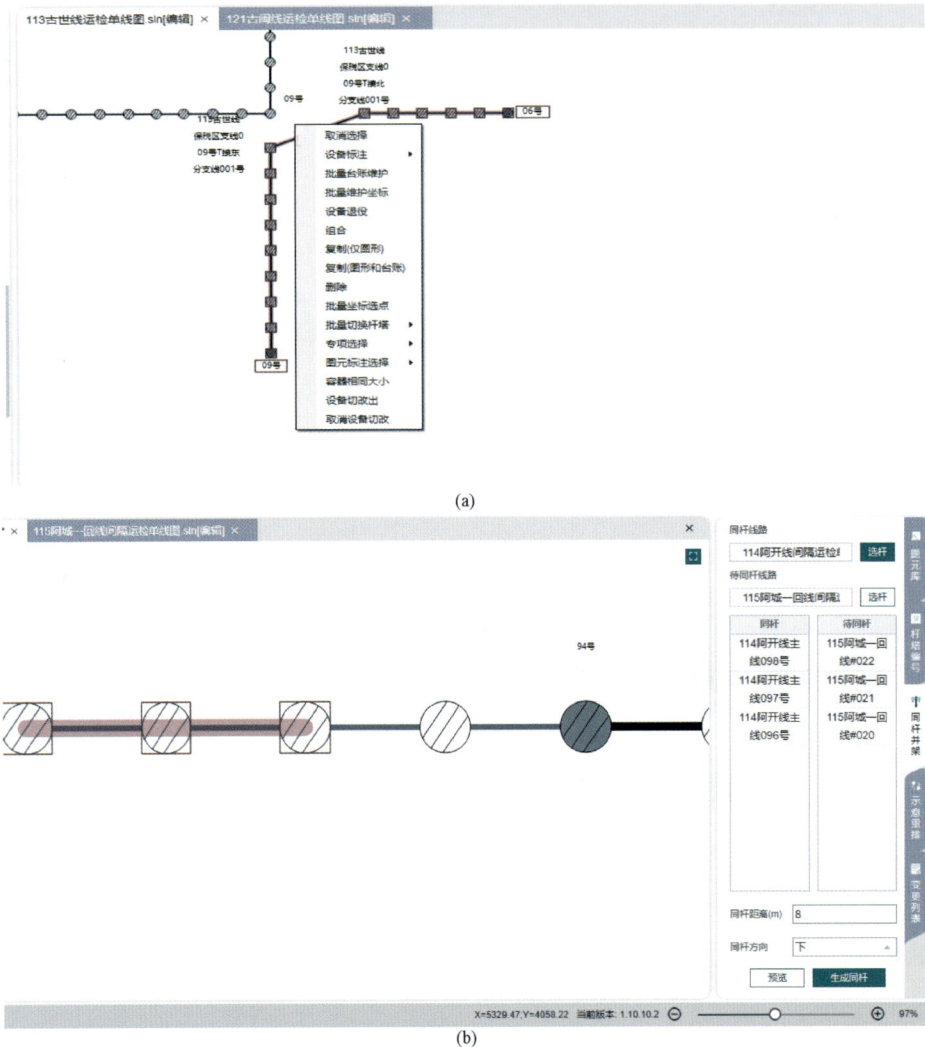

(a)

(b)

图 4.8-19 同杆架设线路维护

(a) 单线图编辑;(b) 生成同杆

4.8.22 在云主站图模维护系统如何进行线路切改?

答:线路内切改:图模维护界面点击左侧设备树,点击变电站展开选中一条馈线,右键编辑单线图打开,框选需要切改的设备,右键设备切改出,选择需要切改到正确的位置右键设备切改入,点击确定切改,连接设备。

跨线路切改:图模维护界面点击左侧设备树,点击变电站展开选中一条馈线,编辑单线图打开,勾选需要切改的设备,右键设备切改出,再打开另一条馈线单线图,右键设备切改入到正确的位置,点击确定切改,连接设备,见图4.8-20。

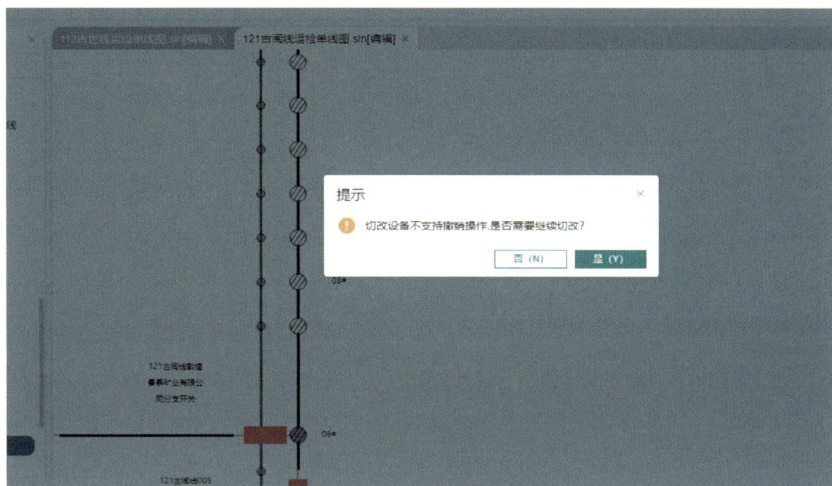

图4.8-20 线路切改

4.8.23 在云主站图模维护系统如何进行异动审核流程?

答:异动审核流程:异动发起(代办)—图模维护—数据检查—运检审核—运方审核—配电自动化审核—回写数据(至电网资源业务中台)—发布(电网资源业务中台)。

图模维护:用户账号登录一张图网址,进入一张图主界面,点开右上角待办消息点击处理,进入图模维护编辑模式,点开左侧设备树选中一条馈线右键编辑单线图打开,对单线图进行设备异动(如选中一个耐张杆塔生成两基杆塔),点击保存后进行数据检查填写完台账后再次数据检查,按照提示点击提交,提交后任务会自动进入审核环节,见图4.8-21。

图4.8-21 图模维护审核

运检审核：点击右上方账号右键切换账号，登录运检审核账号，登录成功后自动弹出单线图审核界面，审核无误后点击同意，运检审核流程完成。任务会自动进入下一个审核流程环节（运方审核），见图 4.8-22。

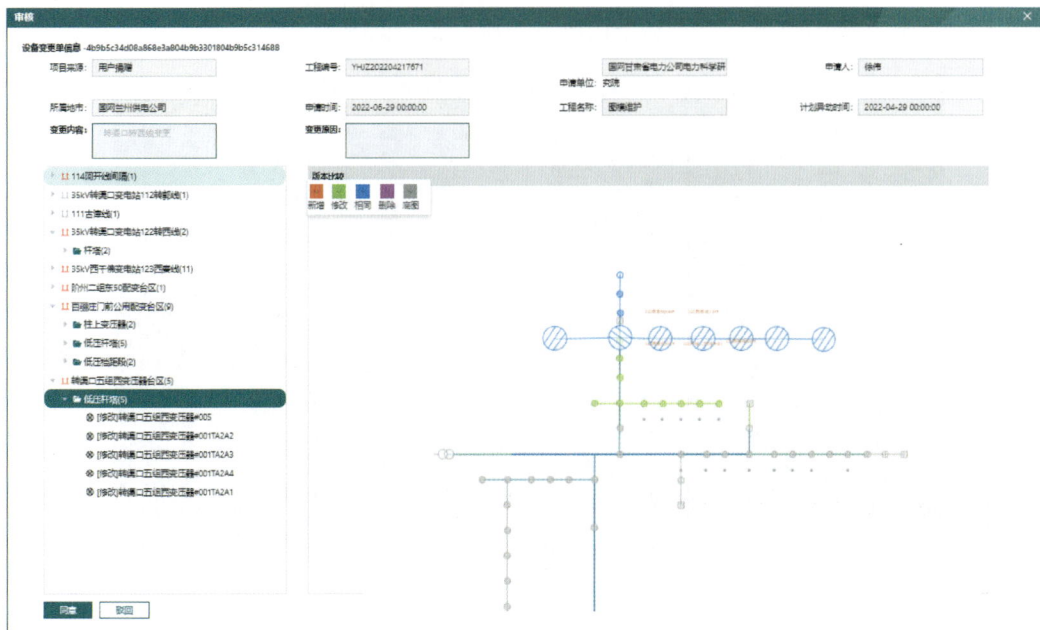

图 4.8-22　运检审核

运方审核：点击右上方账号右键切换账号，登录运方审核账号，登录成功后自动弹出 SVG 图审核界面，审核无误后点击同意，运方审核流程完成。任务会自动进入下一个审核流程环节（配电自动化审核），见图 4.8-23。

配电自动化审核：点击右上方账号右键切换账号，登录运方审核账号，登录成功后自动弹出 SVG 图审核界面，审核无误后点击同意，配电自动化审核流程完成。任务会自动进入下一个流程（回写电网资源业务中台）。

回写数据：用户账号（任务发起账号）登录电网资源业务中台，点击变更单进入图模维护跳转到配电客户端，点击左侧设备树打开异动的馈线右键编辑单线图查看异动是否回写完成。回写成功后点击提交进行下一步流程（发布）。

发布：回写成功后，点击预发布，预发布流程通过点击提交后，选择审核人审核流程通过后，图数发布。

4.8.24　D5200 系统主站图模维护中如何打开导图软件？

答：配电自动化系统目前所应用的导图工具是所配置的 D5200 导图工具，可在服务器 bin 目录下执行 dms_model_import 命令启动导入工具，见图 4.8-24。

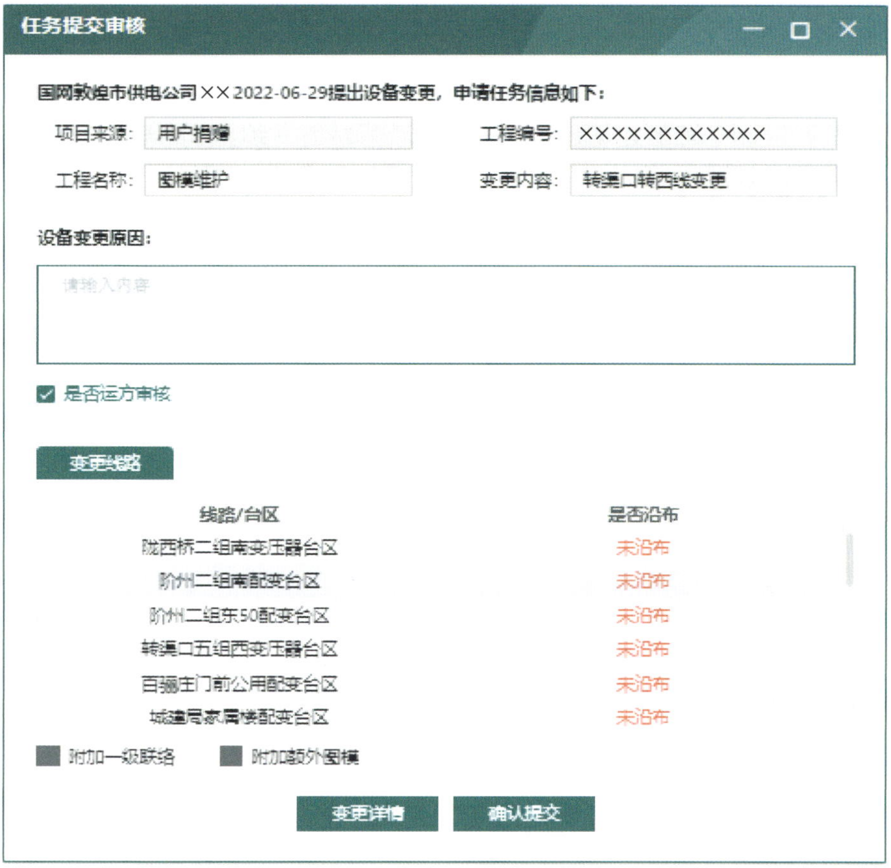

图 4.8-23 运方审核

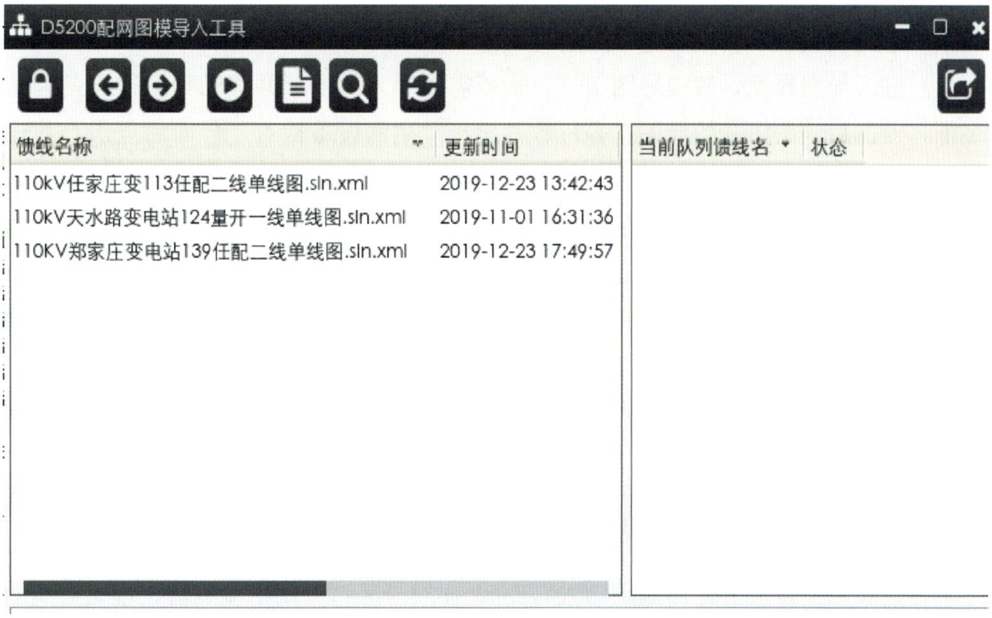

图 4.8-24 D5200 导图工具

进入导图界面，解锁导图工具，选择需要导入的图形并移动到右边当前列队馈线名下，点击启动按钮开始导图，见图 4.8-25。

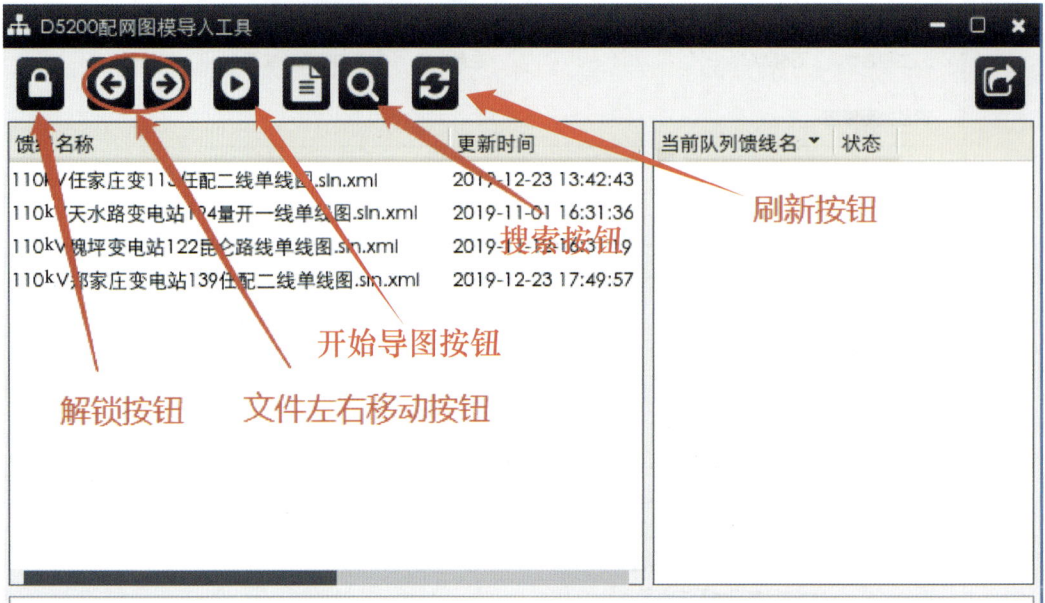

图 4.8-25　导图操作顺序

4.8.25　D5200 系统主站图模维护中如何进行主配网拓扑拼接？

答：主配网拼接是将主网出线开关的第二个连接点和配网单线图中主网出线开关下游的第一个配网设备的第一个连接点进行拼接。

（1）进入导图界面，解锁导图工具，选择需要导入的图形并移动到右边当前列队馈线名下，点击启动按钮开始导图；等待数秒出现"主网设备检查"界面后点击查找进行主配网拼接。

（2）进入主配网拼接界面后分别在库中名称下按所要导入的图形名称进行查找，并选择相对应的开关、厂站，分别点击执行、批量执行，在"是否执行"列下的"执行"变为"一致"后关闭该界面开始自动导图。

（3）在完成主配网拼接后，图形会自动导入一段时间，待弹出 D5200 配网图模导入工具后，点击通过，等待图形导入的结果，对导入成功和失败的图形进行统计，对导入失败的图形分析查找出错的原因。

4.8.26　D5200 系统主站图模维护中如何检查模型图形？

答：登录总控台或者在终端中输入 GExplorer-login 打开图形浏览器，搜索对应的线路。登录总控台或者在终端中输入，在 DSCADA—设备类中—配网开关表根据馈线名称进行搜索。

4.8.27 D5200 系统主站图模维护中常见问题处理方法有哪些?

答:在完成图形导入后,对导入成功的图形需在图形系统下进行查看,对导入失败的需查找原因。一般情况下,主要有以下几类问题:

(1)非空约束。例如,110kV 砂坪变电站 118 天源二线单线图导入失败后报错,见图 4.8-26。

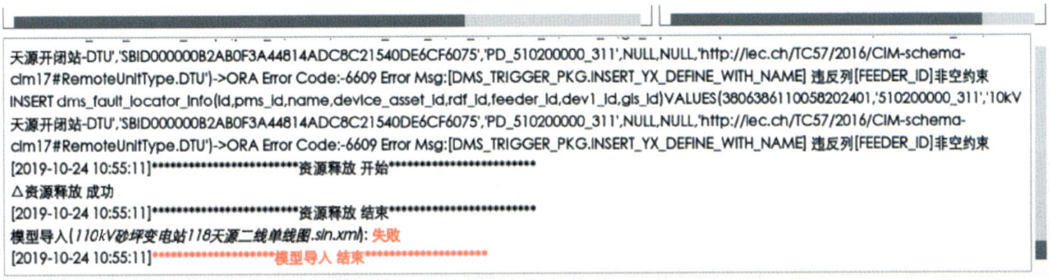

天源开闭站-DTU','SBID000000B2AB0F3A44814ADC8C21540DE6CF6075','PD_510200000_311',NULL,NULL,'http://iec.ch/TC57/2016/CIM-schema-cim17#RemoteUnitType.DTU')->ORA Error Code:-6609 Error Msg:[DMS_TRIGGER_PKG.INSERT_YX_DEFINE_WITH_NAME] 违反列[FEEDER_ID]非空约束
INSERT dms_fault_locator_info(Id,pms_id,name,device_asset_id,rdf_id,feeder_id,dev1_id,gls_id)VALUES(3806386110058202401,'510200000_311','10kV
天源开闭站-DTU','SBID000000B2AB0F3A44814ADC8C21540DE6CF6075','PD_510200000_311',NULL,NULL,'http://iec.ch/TC57/2016/CIM-schema-cim17#RemoteUnitType.DTU')->ORA Error Code:-6609 Error Msg:[DMS_TRIGGER_PKG.INSERT_YX_DEFINE_WITH_NAME] 违反列[FEEDER_ID]非空约束
[2019-10-24 10:55:11]*************************资源释放 开始*************************
△资源释放 成功
[2019-10-24 10:55:11]*************************资源释放 结束*************************
模型导入 [110kV砂坪变电站118天源二线单线图.sin.xml]: 失败
[2019-10-24 10:55:11]*************************模型导入 结束*************************

图 4.8-26　母线违反非空约束

造成的原因:导入的馈线或设备缺少相关重要属性。

(2)唯一性约束。例如,110kV 空港变电站 115 刘家湾线结果显示"母线违反唯一性约束",见图 4.8-27。

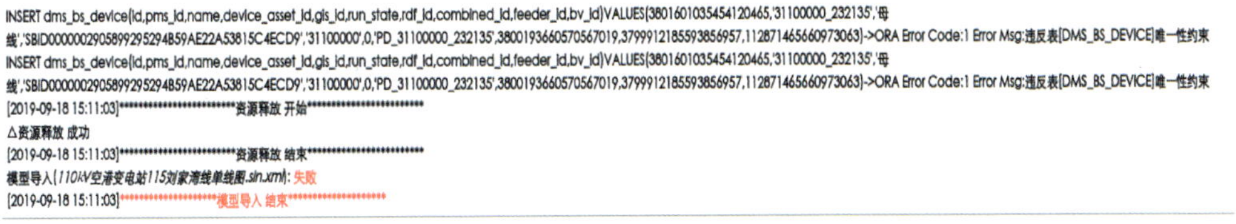

INSERT dms_bs_device(Id,pms_id,name,device_asset_id,gls_id,run_state,rdf_id,combined_id,feeder_id,bv_id)VALUES(3801601035454120465,'31100000_232135','母
线','SBID00000029058992952948S9AE22A5381SC4ECD9','31100000',0,'PD_31100000_232135',3800193660570567019,3799912185593856957,11287146566097306 3)->ORA Error Code:1 Error Msg:违反表[DMS_BS_DEVICE]唯一性约束
INSERT dms_bs_device(Id,pms_id,name,device_asset_id,gls_id,run_state,rdf_id,combined_id,feeder_id,bv_id)VALUES(3801601035454120465,'31100000_232135','母
线','SBID00000029058992952948S9AE22A5381SC4ECD9','31100000',0,'PD_31100000_232135',3800193660570567019,3799912185593856957,11287146566097306 3)->ORA Error Code:1 Error Msg:违反表[DMS_BS_DEVICE]唯一性约束
[2019-09-18 15:11:03]*************************资源释放 开始*************************
△资源释放 成功
[2019-09-18 15:11:03]*************************资源释放 结束*************************
模型导入 [110kV空港变电站115刘家湾线单线图.sin.xml]: 失败
[2019-09-18 15:11:03]*************************模型导入 结束*************************

图 4.8-27　母线违反唯一性约束

在模型文件中查找到两个 pmsID 对应 name 均为"母线",见图 4.8-28。

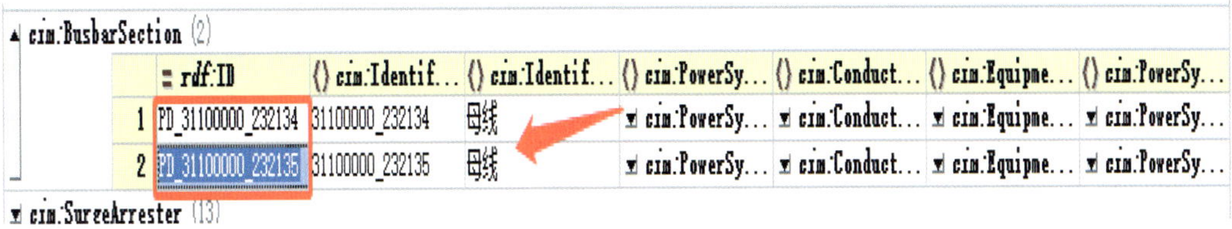

图 4.8-28　两个 pmsID 对应 name 均为"母线"

造成的原因:导入相同的设备。

(3)长度超出定义。例如,220kV 淌沟变电站 118 铁成沟线结果显示"长度超出定义",见图 4.8-29。

图 4.8-29　长度超出定义

造成的原因：导入的设备超出 32 个字。

（4）导入的站室展开单线图的手车开关，这种开关的图元大小不合理，图元宽度为4，图元高度为 0，见图 4.8-30。

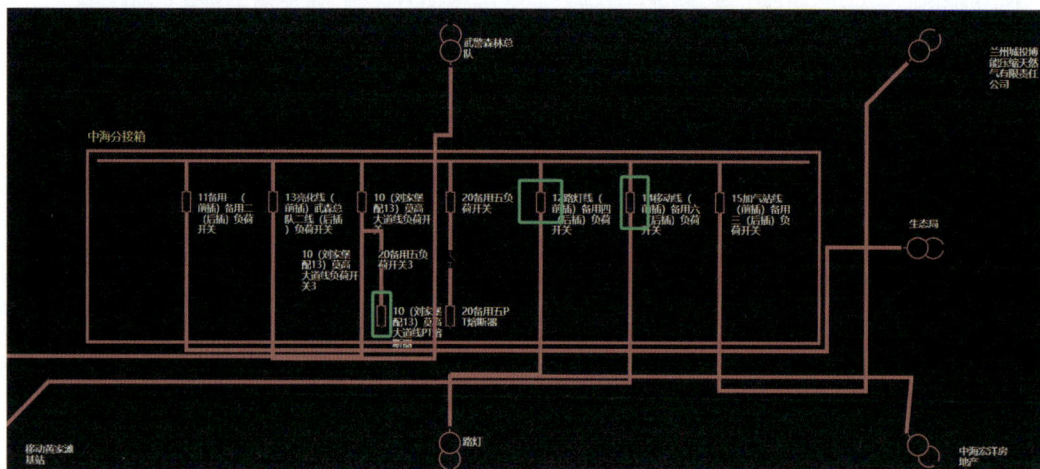

图 4.8-30　开关图元大小不合理

造成的原因：开关的图元大小不合理。

4.8.28　D5200 系统主站图模维护中红黑图转换流程是什么？

答：红黑图转换流程：供电公司绘图员负责绘图及流程的发起；供电公司审图员负责审核图形；配网自动化专责负责根据工程的实际情况安排流程的先后及实施的日期；电网自动化班负责红黑图中相关开关的连库工作；配网调度员负责实施红转黑，使红图转化为黑图。

4.9　终　端　接　入

4.9.1　配电终端接入工作流程是什么？

答：（1）配网单线图异动推送。

1）推送图形：县/区公司提前 5 个工作日，将与现场实际相符的配网线路单线图从同源系统推送至配电自动化主站系统。

2）图形校验及导入：主站运维人员对配网线路单线图进行校验、自动成图、导入。

3）图形审核：县公司调度人员或配网调度人员在配电自动化主站系统 D5200 工作站上对系统导入单线图正确性审核，并将结果反馈给主站运维人员。

（2）配电终端证书文件申请。

1）证书申请：县/区公司需提前 5 个工作日，将配电终端证书请求文件和证书申请表集中打包发送给电力调度中心。

证书请求文件获取方式如下：

方式一：使用测试 Ukey 从终端中导出 req 文件。

方式二：配电终端厂家出厂前批量导出，以光盘或 U 盘等形式随设备一同出厂。

2）证书签发：电力调度中心将证书请求文件集中发送至中国电科院签发，并将签发成功的终端证书 cer 文件返回给县/区公司。

（3）信息点表报送、审核。县/区公司提前 5 个工作日，将配电终端信息点表提交给所在县调进行审核。审核完成后，将签字盖章扫描件和电子版正式点表发送至电力调度中心。电力调度中心将信息点表录入配电自动化主站系统，并同步进行相关数据库、调度界面维护。

（4）无线通信卡申请。县/区公司提前 5 个工作日将办卡需求上报给设备管理部，包括办卡数量、类型及用途，等待流转；设备管理部向互联网部、相关支撑单位及市级移动公司相继发起办卡流程，并完成纸质材料提报。上述流程结束后，市级移动公司向省级移动公司发起权限申请，待权限申请通过后，联系市级移动公司办理无线通信卡，并纳入台账管理。

（5）配电终端调试及验收。

1）信息调试：县/区公司提前 5 个工作日将调试计划上报给电力调度中心，然后进行配电终端调试现场和调度主站自动化通道联调、信息调试。信息调试正确后，告知县/区公司调度或配调进行信息接入验收工作。

信息调试有以下两种方式：

方式一：先调试后安装。调试人员先在特定场所完成证书导入、定值下装、遥控测试等基本设置，与主站初步对调至终端可成功上线，具备遥控功能的终端需同时调试遥控，实现主站下发遥控指令后终端和开关能够正确动作。完成后终端运往现场安装，安装后调试至正确获取现场实际测量量和状态量。若无特殊情况，一律采用这种调试方式。

方式二：先安装后调试。终端在未调试状态下运往现场安装，安装后调试至正确获取现场实际测量量、状态量，具备遥控功能的终端需同时调试遥控功能，实现主站下发遥控指令后终端和开关能够正确动作。该方式下，调试人员做遥控测试需线路停电配合。因此，无特殊情况，不推荐此调试方式。

2）调试验收：县/区公司调度或配调按照信息核对点表，与现场进行信息核对，正确填写信息核对验收单并存档，完成"配网调度监控信息接入验收台账"，将签字盖章扫描件和电子版提报至设备管理部门，设备管理部门按照"配网调度监控信息接入验收台账"设置终端正式上线。

3）正式投运：配电终端信息接入完成后正式投入运行，县/区公司调度或配调正式调管使用。

4.9.2　配电主站安全接入区加密配置具体操作过程是什么？

答：（1）加密规约程序配置。把纵向加密装置厂家提供的加密动态库程序 ibHsmPriDll. so 部署在源码机和前置服务器 lib 目录下，在源码机上编译出加密规约程序 dfes_prot_jm104 并分发至前置服务器。

（2）前置服务器配置文件。

1）配置文件名称：enc_hsm. conf。

2）配置文件路径：/home/d5000/地区名/conf/。

（3）纵向加密装置配置。由纵向加密装置厂家配置加密装置 IP 地址和服务端口，将前置服务器 IP 添加至纵向加密装置白名单中（纵向加密装置只响应白名单中服务器的连接请求），再配置加密装置加密服务，开机自启。

（4）终端证书管理。使用终端证书管理工具从配电终端导出证书请求文件（req 格式）。

将正式 USB KEY 插入终端，导入相关文件。

将证书请求文件提交至证书签发方，由签发方签发证书文件（. cer 格式）。

将签发证书导入主站，对终端证书重新命名，命名规则为"通道号 . cer"（如终端对应的通道号为 1，对应的证书文件名为 1. cer），证书文件存放路径：dfes_bin/log/。

使用配电安全交互网关管理工具（需配合 USB KEY、用户名、密码验证登录）将签发的证书导入网关并进行相应配置，确保终端 IP 和数据采集服务器 IP 为同一网段。

（5）其他参数配置。

（6）常见异常情况处理。

1）若主站不发送加密报文，可查看加密规约进程是否运行、通道所属系统定义是否正常等。

2）若报文提示签名错误，可查看纵向加密装置端口能否连接、导入主站的证书是否有误等。

3）若主站接收不到终端的上行报文或报文响应时间较长，可查看隔离装置传输文件有无异常，并检查前置服务器能否解析反向隔离装置传回的 E 文件。

4.9.3 配电终端设备接入时配自主站信息联调过程有哪些?

答：（1）点号录入。

步骤一：通过"dms_create_dot"命令，进入点号生成工具主界面。

步骤二：在点号生成工具主界面，输入开关站首字母，选中对应开关站。

步骤三：拖动自动化改造间隔信息至对应框格。

步骤四：点击"生成点号"；弹出对话框，继续点击"生成点号"；点击"是"，完成点号录入操作。

（2）参数配置。

步骤一：通过"dbi"命令，进入实时态数据库操作界面，进行用户登录。

步骤二：选中"DSCADA—设备类—配网终端信息表"，双击对应记录序号，修改"所属厂家""所属区域""配电终端运行模式""终端编号"，确保终端编号在数据库中唯一，点击进行网络保存。

步骤三：选中"DFES—设备类—配网通道表"，双击对应记录序号进行配置，点击进行网络保存，具体配置如下：

1）通道类型：网络；

2）网络类型：TCP 客户；

3）网络描述：终端 IP 地址；

4）端口号：2404；

5）工作方式：安全接入；

6）通信规约类型：IEC（JM)-104/IEC—104；

7）通道分配模式：A/B；

8）所属系统：选择各自系统。

步骤四：选中"DFES—规约类—配网 IEC 104 规约表"，双击对应记录序号，在弹出的对话框中配置"对称密钥索引""非对称密钥索引"和"规约细则"，点击进行网络保存。

（3）光字牌制作。

步骤一：通过"GExplorer-login"命令，进行用户登录。

步骤二：单击"打开文件"，输入图形名称，打开图形。

步骤三：点击"窗口操作—新建编辑图形"，打开图形编辑界面。

步骤四：调整图幅大小。

步骤五：点击"平面"，点击"新增平面"，选中相关选项，点击"确定"进入第 1 平面。

步骤六：图元菜单中选择合适的图元，制作遥信关联信号。

步骤七：选中信号图元，点击右键，打开检索器。

步骤八：选中"配网保护节点表"中对应间隔信息，域类型选择"遥信""值"，将

89

设备信息拖至图元进行信号关联。

步骤九：选中"配网测点遥测表"中对应遥测信息，域类型选择"遥测""值"，将设备信息拖至图元进行关联。

步骤十：图层切换至第 0 平面。

步骤十一：选中所有自动化改造的开关，点击打开自动生成关联设置窗口。

步骤十二：配置遥测相关参数，并自动生成，具体配置如下：

1）父图元类型：站外开关；

2）子图元类型：动态数据；

3）关联表号：配网开关表；

4）关联域号：A 相电流幅值。

步骤十三：调整遥测数据大小和位置，点击网络保存。

（4）信息联调（二遥）。前期准备：在与终端信息联调前，需打开配网单线图、前置报文界面及前置实时数据界面，便于数据查看。

步骤一：打开待调试的终端所在配网单线图。

步骤二：通过"dfes_rdisp"命令，打开前置报文界面。

步骤三：输入待调试终端名称首字母，选择信息联调的终端，点击"翻译报文"后，通过对站点数据总召，查看终端报文信息。

【小提示】终端被自动分配在 A、B 两台前置服务器上，只有在对应前置服务器上，才能看到终端报文信息。

步骤四：通过"dfes_real"命令，打开前置实时数据界面。

步骤五：输入调试终端名称首字母，选择信息联调的配电终端；查看终端遥信遥测实时数据。

步骤六：与终端人员开展信息联调，涉及内容包括：

1）基本信息：站点名称、终端厂家、终端型号。

2）遥信信息：公共信号、开关分合信号、接地开关分合信号、间隔过电流保护信号等。

3）遥测信息：蓄电池电压、母线电压、实测电流、功率等。

【小提示】

信息联调涉及主站、通信、终端多个部门，需要提前安排好计划，按计划工作。

当某个开关遥信值不正确时，可以从终端接线、主站系统及终端中点号设置等查找原因。

信息联调过程中出现的问题务必详细记录，在消缺后再将该消缺情况告知调度。

4.9.4　配网调度员使用配自主站进行遥控操作的具体过程有哪些？

答：步骤一：遥控操作准备。

遥控操作前需确认的自动化事项包括：

（1）确认开关遥信状态是否正常：鼠标放在开关上，遥信状态显示为正常。

（2）确认间隔是否可控：看间隔旁边是否有可遥控的标志（若遥控对点，则无需此步骤）。

（3）确认间隔命名是否一致：确定间隔现场命名是否与开关图模名称相同（遥控对点时需要）。

步骤二：遥控操作执行。操作员右键需要遥控的开关，单击"遥控"，弹出防误校验。

操作员用户登录：确认遥控间隔无误后，在操作界面"确认遥信名"文本框内输入三位及以上遥信名；选择监护节点，单击"发送"。

监护员用户登录：确认遥控间隔无误后，在监护界面"确认遥信名"文本框内输入三位及以上遥信名，单击"确定"。

监护员通过后，操作员开始进行遥控，单击"遥控预置"，遥控预置信号发出后，等待远程终端的信号反馈，预置成功后，单击"遥控执行"。

步骤三：遥控操作确认。遥控执行后需确认遥控开关遥信变位、遥测数据发生变化、告警窗中有正确的告警信息上传。

步骤四：遥控缺陷管理。若遥控失败，主站侧应在相应间隔挂设调试牌且进行备注，并及时做好缺陷登记工作，发起缺陷流程并开展消缺工作。

【小提示】

遥控执行后，需要核对两个及以上的信息（一般为开关分合状态和间隔电流）以判断遥控操作是否成功。

由于终端设备及通信情况复杂，遥控操作出现异常时，核对信息需等待 $1\sim2$min，以避免信息延迟造成误判。

遥控开关涉及电网运行及人员安全，操作时需要更加谨慎。站点投运前需进行现场遥控对点，确保遥控正确性。

4.9.5　什么是联调测试?

答：联调测试又称组装测试、联合测试、子系统测试、部件测试，重点在于测试模块间接口的正确性、各模块间的数据流和控制流是否按照设计实现其功能，以及集成后整体功能的正确性。

4.9.6　终端接入主站测试流程是什么?

答：（1）设备运维单位负责接入设备的图模异动情况，异动图模审核正确后，设备运维单位向供服指挥中心提交"配网自动化新投设备申请单"，由供服指挥中心、调度中心负责人或班长签字审批，并交给本地运维人员进行终端建库工作；建库完成后，供服指挥中心安排调试人员以及调试计划。如果是无线通信方式，在进行图模异动的同时还需完成无线加密证书认证。

（2）主站侧完成数据库维护，包括通道建立、规约配置、加密证书导入、遥信、遥测、遥控、定值召测等参数配置。

（3）通道调试。

（4）遥信、遥测、遥控、定值召测功能测试。

（5）联调传动测试。

4.9.7　配电自动化终端与后台的联调步骤是怎样的？

答：（1）核对终端是否处于上线状态，终端通信指示灯能否正常闪烁。

（2）核对终端安装地址、终端 ID 及 IP 号与系统主站信息相一致。

（3）现场模拟输入电流进行试验，查看终端采集数据是否与输入值相符。

（4）升流试验。用一次加电流方法做升流试验，检验 TA 安装是否正常、极性接线是否正确；用二次加电流方法做升流试验，检验保护功能能否正确动作。

（5）现场操作终端合闸、分闸按钮，查看开关能否正确分、合闸，终端对应的信号指示灯指示是否正常。同时，应测试终端的远方/就地、开关柜远方/就地的闭锁逻辑能否满足要求。

（6）测试电动操动机构的五防连锁功能，在接地开关合闸情况下应闭锁对应开关柜的电动操作功能。

（7）对照配电自动化终端三遥联调信息表，对终端三遥相关参数、功能进行验收。

（8）传动试验：根据遥信点表，依次实际模拟故障现象，使终端设备按照要求动作，主站同步收到相同的信息。例如，重合闸传动试验，使用保护试验仪加入超过保护定值的电流值，使终端设备过电流保护动作，开关由合位变分位，重合闸保护启动成功，开关由分位变合位。主站依次收到过电流保护动作、开关分位、重合闸保护动作、开关弹簧未储能、开关合位等告警信号，同时主站 FA 功能正确启动，正确判断故障。如果保护试验仪加入的电流值未超过保护定值动作大小，保护不应动作。

（9）定值召测功能验证：在主站远方召测终端设备设定的保护定值大小，并远程操作修改定值，同时依次核对保护定值名称及大小是否一致。

4.9.8　配电自动化终端接入系统联调有哪些注意事项？

答：（1）升流试验前，必须根据被试的电流互感器或终端端子所需电流的大小选择好电流量程的位置，避免对电流互感器和终端箱体内部设备造成损坏。

（2）进行升流试验的过程中，必须确认仪器的测试开关已投入，被试的电流互感器上的线缆无电，方可进行拆卸，避免造成伤害。

（3）进行遥控测试前，必须检查好终端内部端子和开关柜电动操动机构端子的接线，避免因线路接线错误造成设备损坏。

4.10 通 信 方 式

4.10.1 配电通信网通信方式选择原则是什么?

答：配电通信系统是实现配电自动化的关键环节，配电通信系统以满足配网通信需求为核心。配电通信网以安全可靠、经济高效为基本原则，充分利用现有成熟通信资源，差异化采用光纤专网、无线专网、PLC设备级联、无源光网络或无线公网等通信方式。多种配电通信方式综合应用见图4.10-1。

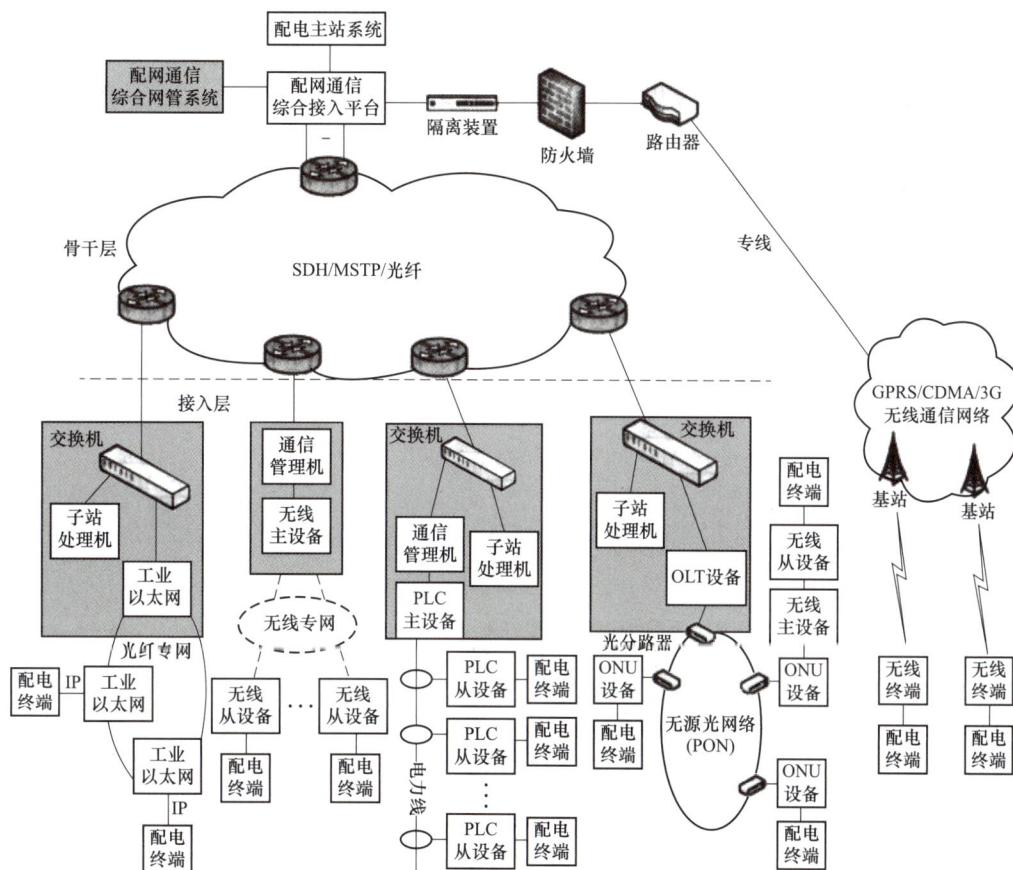

图 4.10-1 多种配电通信方式综合应用

4.10.2 常见配电自动化通信网各层级采取什么通信技术?

答：常见配电自动化系统通信网包含主站、变电站、10kV配电终端站点三个部分，对应的配电通信系统主要由以下三个部分组成：

(1) 配电主站到变电站通信层。充分利用各变电站现有SDH设备，将变电站内

OLT 汇集的 10kV 配电站点信息接入骨干通信网，之后通过 SDH 环网设备上传至配电主站。

（2）变电站到配电终端通信层。从变电站至配电终端通信采用 PON 通信技术，通过与终端设备统一部署的 ONU 设备，将 10kV 配电通信网承载的配电自动化数据信息通过光纤通信汇聚到变电站 OLT。

（3）配电主站至配电终端无线通信。配电终端无线通信模块将数据信息通过无线公网通信汇聚至运营商，利用运营商至供电公司机房电力光纤传到配电自动化主站。

4.10.3 什么是配电通信网有线通信？ 有什么特点？

答：目前配电通信网有线通信方式主要采用 PON 技术进行通信组网，PON 技术是一种点到多点的单纤双向光接入网络，它由配电子站侧的 OLT（光线路终端）、配电终端侧的 ONU（光网络单元）及 ODN（光分配网络）组成。ODN 由主干光缆、分光器和支路光缆组成，ODN（光分配网络）将一个 OLT（光线路终端）和多个 ONU（光网络单元）连接起来，提供光信号的双向传输。

有线通信最主要的特点是通道稳定，通道保密性好、不容易受到干扰，通信网络自组网所以网络安全有保障。

4.10.4 什么是 OLT？ 其主要功能和组成有哪些？

答：OLT（optical line terminal）光线路终端，是 PON 系统中的局端设备，由电源板、控制交换板、接口板、业务板等组成，主要安装于变电站，见图 4.10-2。

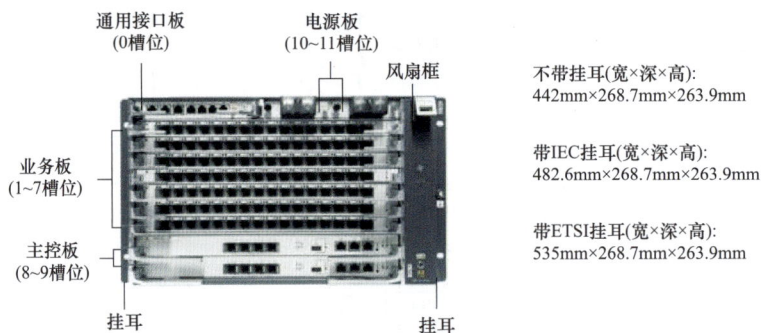

图 4.10-2 OLT 组成结构

OLT 既是一个交换机或路由器，又是一个多业务提供平台，是整个 PON 系统的核心部件，主要功能包括向 ONU 以广播方式发送下行数据；发起并控制测距过程，并记录测距信息；为 ONU 分配带宽，即控制 ONU 发送数据的起始时间和发送窗口大小；其他相关的以太网功能；对 ONU 进行远程管理。

4.10.5 什么是 ONU？ 其主要功能和组成有哪些？

答：ONU（opitcal network unit）光网络单元，是 PON 系统的用户侧设备，主要由光模块、PON 芯片、switch 芯片、业务芯片、电源模块等组成，为用户提供宽带接入、语音、视频等，一般安装在配电室、开关站、环网柜，如果光缆允许，也可安装于柱上开关。ONU 主要功能包括：选择接收 OLT 发送的广播数据；响应 OLT 发出的测距命令，并作相应的调整；缓存用户数据，并在 OLT 分配的发送窗口中向上行方向发送；其他二层/三层业务功能和管理维护功能，见图 4.10-3。

图 4.10-3　ONU 组成结构

4.10.6 什么是 ODN？ 主要功能和组成有哪些？

答：ODN（optical distribution network）光分配网络，由单模光纤、分光器、接线盒、光交接箱、分纤箱、ODF 等无源部件组成，主要是为 OLT 和 ONU 之间提供光纤传输链路，全链路采用无源器件，见图 4.10-4。

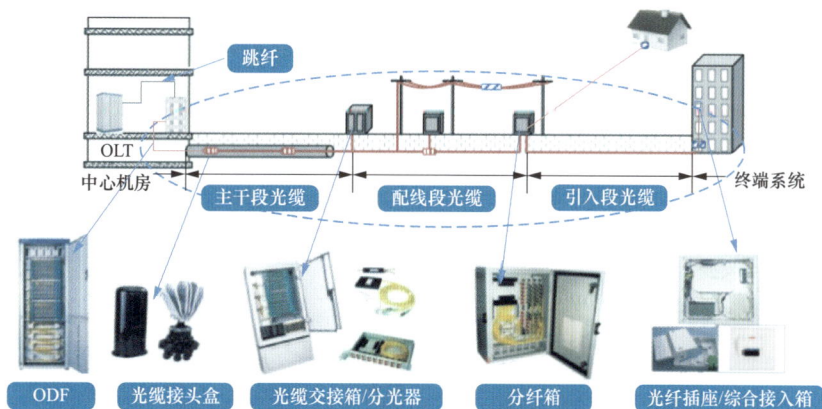

图 4.10-4　ODN 组成结构

4.10.7 配电通信网常见拓扑结构有哪些？

答：配电自动化网络常见为单辐射型、手拉手型及环形三种拓扑结构，PON 光网络的拓扑结构、分光器级数和分路比可以根据具体应用环境选择。

PON 系统对于分光器级数没有理论限制，但每个 ONU 的光通道衰减应小于 28dB。实际应用中分光器级数越多，通常越能节省主干光纤数量，但也会造成接头损耗、增加网络拓扑复杂，因此需要在光纤资源允许的范围内优化网络拓扑设计，在设计时应综合考虑主干光纤资源和网络拓扑结构。

4.10.8　什么是单辐射链路拓扑？

答：单辐射链路拓扑适用于线路主线采用单电源辐射拓扑结构条件下的配网光纤组网，采用双 PON 口 ONU 为信息采集终端，为以后线路扩容，最终形成手拉手保护环网结构预留空间，见图 4.10-5。

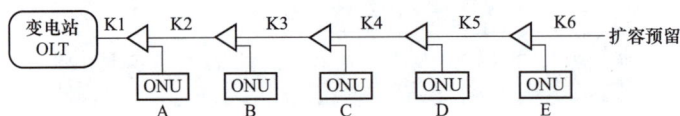

图 4.10-5　单辐射链路拓扑结构

考虑到以后网络的扩容、改造和升级，此种网架结构最终都要形成手拉手接线方式，所以在规划时需要预留光功率余量。初期规划每个 OLT 的 PON 口所带 ONU 数量不超过 8 个，最终形成手拉手保护结构时每个 OLT 的 PON 口所带 ONU 数量不超过 12 个。

4.10.9　什么是手拉手链路拓扑？

答：手拉手链路拓扑适用于目标区域内主线路网架结构采用"手拉手"型结构的配网通信组网，通信网络是一个双链型。线路两端分别在两个变电站的 OLT 设备上终结，双向、双 PON 口保护，部属热备/冷备，实现全网自愈保护，网络安全可靠，见图 4.10-6。

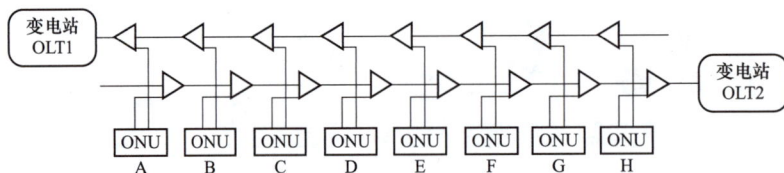

图 4.10-6　手拉手链路拓扑结构

考虑到以后网络的扩容、改造和升级，网络拓扑可能会发生变化，所以需要预留一部分光功率余量，最终规划每个 OLT 的 PON 口所带 ONU 数量不超过 16 个。

4.10.10 什么是环形拓扑?

答：主线是环网结构，通信网采用单环网结构。环网结构光纤在同一个变电站 OLT 不同的 PON 口上进行终结，实现全网自愈保护，见图 4.10-7。

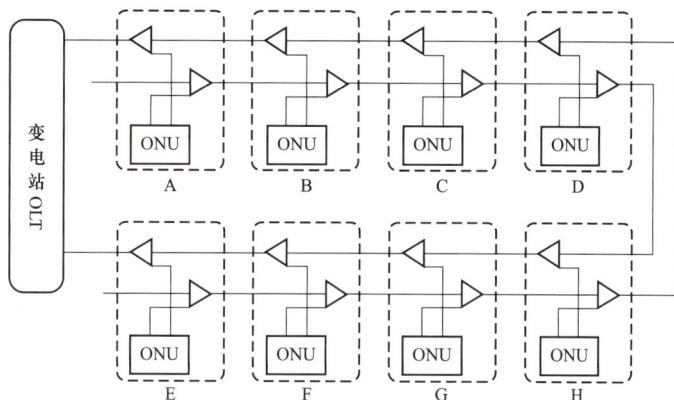

图 4.10-7 环形拓扑结构

4.10.11 配电自动化有线通道中断故障处置流程是什么?

答：配电自动化系统中某个终端一旦判断为通道中断，配电通信网网管查看 ONU 状态为掉线状态，可能为光缆中断或者 ONU 设备问题。若现场查看 ONU 设备运行正常，指示灯状态正常，则可能为光缆中断。通信运维人员在网管进行故障范围初步判定后，运维人员去变电站和站房进行光缆测试，准确定位故障中断位置，进行光缆抢修，准确判断光缆故障点的前提是配电自动化光缆连接图正确。

光缆问题排除后，还未恢复，现场可对 ONU 设备进行重启操作。

4.10.12 PON 常见的状态异常故障有哪些?

答：PON 常见的故障有 ONU 无法上线、ONU 配置状态失败、ONU 匹配状态为不匹配、ONU 无法自动发现及 ONU 频繁上下线等状态异常故障。

4.10.13 "ONU 无法上线"故障现象是什么?

答：现场可以通过观察 ONU 的指示灯状态来判断 ONU 是否已上线。无法上线又经常被称为无法注册或注册失败。当 GPON 端口下 ONU 无法正常上线，可以在 OLT 侧使用 display ont info 命令查询到 ONU 的"运行状态（Run state）"显示为"离线（off line）"。

offline：表示 ONU 离线，对于 OLT 相当于 ONU 不存在。

online：表示 ONU 已经上线。

4.10.14 "ONU 无法上线"故障定位思路是什么？

答：当 ONU 无法上线时，OLT、ONU、ODN 都有可能出现故障。各故障范围的定位依据和可能原因见表 4.10-1。

表 4.10-1　　　　　　ONU 无法上线故障定位依据和可能原因

故障范围	定位依据	可能原因
OLT	单个或部分 ONU 无法上线	（1）OLT 配置的 SN 或密码与 ONU 实际的 SN 或密码不一致，ONU 无法通过认证并上线。 （2）ONU 到 OLT 的实际距离在 OLT 配置的测距补偿距离范围之外。 （3）OLT 对 ONU 执行了去激活操作
	PON 口下所有 ONU 都无法上线	（1）PON 口没有开启激光器。 （2）可插拔的 PON 光模块故障。 （3）PON 口故障
	单板下所有 ONU 都无法上线	单板或槽位故障
ODN	PON 口下存在 ODN 相关告警，例如：0x2e11a001 主干光纤断或 OLT 检测不到预期的光信号（LOS）。0x2e112007 分支光纤断或 OLT 检测不到 ONT 的预期的光信号（LOSi/LO-Bi）	（1）ODN 问题一般是由于设计、施工、光器件选用不合理导致的光路中反射较大、衰减较大。 （2）当单个或部分 ONU 无法上线时，可能是分支光纤线路及光器件问题。 （3）当 PON 口下所有 ONU 都无法上线时，可能是主干光纤线路及光器件问题
ONU	单个或部分 ONU 无法上线	（1）ONU 没有上电。 （2）ONU 认证信息（SN 或密码）冲突，后上电的 ONU 无法上线。 （3）存在流氓 ONU，干扰其他 ONU 不能够正常工作。 （4）ONU 硬件故障。 （5）ONU 光模块故障。 （6）ONU 自带尾纤断裂或弯曲过大。 （7）ONU 错误连接到其他 PON 口上

4.10.15 "ONU 配置状态失败"故障现象是什么？

答：GPON 端口下 ONU 能够正常上线，但在 OLT 侧使用 display ont info 命令查询 ONU 信息时，"配置状态（config state）"显示为"失败（failed）"。

4.10.16 "ONU 配置状态失败"故障定位思路是什么？

答：当 ONU 配置状态失败时，根据单个或者多个同一类型的 ONU 出现配置恢复失败，可以判断是 OLT 配置或者 ONU 侧的故障引起，具体故障范围的定位依据和可能原因见表 4.10-2。

表 4.10-2   **NU 配置状态失败故障定位依据和可能原因**

故障范围	定位依据	可能原因
OLT	同一类型的 ONU 都出现配置恢复失败	OLT 下发的配置超出了 ONU 的实际能力
ONU	单个 ONU 出现配置恢复失败	（1）ONU 运行异常或故障。 （2）ONU 在本地进行了数据配置，与 OLT 下发的配置冲突

4.10.17　"ONU 匹配状态为不匹配"故障现象是什么？

答：GPON 端口下 ONU 能够正常上线，但在 OLT 侧使用 display ont info 命令查询 ONU 信息时，"匹配状态（Match state）"显示为"不匹配（mismatch）"。

4.10.18　"ONU 匹配状态为不匹配"故障定位思路是什么？

答：当出现"ONU 的匹配状态为 mismatch"现象时，按照以下思路进行故障定位：检查 OLT 配置的 ONU 业务模板是否与 ONU 实际能力一致。

4.10.19　"ONU 无法自动发现"故障现象是什么？

答：ONU 无法自动发现是指在 ONU 上电后，在 OLT 上不能够自动发现未配置的 ONU。

4.10.20　"ONU 无法自动发现"故障定位思路是什么？

答：根据 ONU 无法自动发现的数量及范围定位是 OLT 故障还是 ONU 故障，或者网管查看 PON 口下存在告警判断是 ODN 故障。具体故障范围的定位依据和可能原因见表 4.10-3。

表 4.10-3   **ONU 无法自动发现故障定位依据和可能原因**

故障范围	定位依据	可能原因
OLT	单个或部分 ONU 无法自动发现	ONU 到 OLT 的实际距离在 OLT 配置的测距补偿距离范围之外
	PON 口下所有 ONU 无法自动发现	（1）PON 口未使能 ONU 自动发现功能。 （2）PON 口没有开启激光器。 （3）PON 口故障
	单板下所有 ONU 都无法自动发现	单板或槽位故障
ODN	PON 口下存在 ODN 相关告警，例如：0x2e11a001 主干光纤断或 OLT 检测不到预期的光信号（LOS）	（1）ODN 问题一般是由于设计、施工、光器件选用不合理导致的光路中反射较大、衰减较大。具体参考 ODN 常见问题。 （2）当单个或部分 ONU 无法自动发现时，可能是分支光纤线路及光器件问题。 （3）当 PON 口下所有 ONU 都无法自动发现时，可能是主干光纤线路及光器件问题

续表

故障范围	定位依据	可能原因
ONU	单个或部分 ONU 无法自动发现	(1) ONU 没有上电。 (2) 存在流氓 ONU，干扰其他 ONU 不能够正常工作。 (3) ONU 硬件故障。 (4) ONU 光模块故障。 (5) ONU 自带尾纤断裂或弯曲过大

4.10.21 "ONU 频繁上下线"故障现象是什么？

答：GPON 端口下 ONU 频繁上下线，OLT 上报大量 ONU 信号丢失和恢复告警。

4.10.22 "ONU 频繁上下线"故障定位思路是什么？

答：ONU 频繁上下线最主要原因是 OLT 收到 ONU 信号较弱，导致 OLT 与 ONU 报文交互丢失。

(1) 如果 ONU 上下线频率很高，如每隔几秒钟掉线一次，ODN 出问题的可能性较大。

(2) 如果 ONU 每隔 1h 或更长时间掉线一次，可能是 ONU 故障导致 ONU 反复重启。

当 ONU 频繁上下线时，各故障范围的定位依据和可能原因见表 4.10-4。

表 4.10-4　　　　　ONU 频繁上下线故障定位依据和可能原因

故障范围	定位依据	可能原因
OLT	PON 口下所有 ONU 频繁上下线	PON 口故障
	单板下所有 ONU 频繁上下线	单板或槽位故障
ODN	PON 口下存在 ODN 相关告警，例如： 　0x2e112002 GEM 信道丢失（LCDGi）、0x2e112003 ONT 信号退化（SDi）、0x2e112004 ONT 信号失败（SFi）、0x2e112006 ONT 帧丢失（LOFi）	(1) 光纤线路质量差，ODN 问题一般是由于设计、施工、光器件选用不合理导致的光路中反射较大、衰减较大。具体参考 ODN 常见问题。 (2) 当单个或部分 ONU 频繁上下线时，可能是分支光纤线路及光器件问题。 (3) 当 PON 口下所有 ONU 都出现频繁上下线时，可能是主干光纤线路及光器件问题
ONU	单个或部分 ONU 频繁上下线	(1) 存在流氓 ONU，干扰其他 ONU 不能够正常工作。 (2) ONU 反复重启

4.10.23 什么是无线通信？ 有什么特点？

答：无线通信是利用电磁信号波信号可以在自由空间中传播的特性进行信息交换的一种通信方式。无线通信按照网络性质分为无线公网和无线专网。

特点是投资少、建设周期短、传输速率较低、易受城市建筑物和地形阻挡影响、通信保密性差、易受干扰等。

4.10.24 无线通信在配电自动化系统中的应用现状如何？

答：无线通信在配电自动化系统中应用比较广泛，近年来光纤通信应用有所增多，但无线通信仍占据重要位置。

4.10.25 什么是无线公网通信？ 无线公网通信技术的应用指的是什么？

答：无线公网通信是利用公共的无线网络资源进行信息交换的通信方式。无线公网通信技术的应用，是指配电终端设备通过无线通信模块接入到无线公网中，再经由专网光纤网络接入到主站系统的通信方式。无线公网具有覆盖范围广、使用维护方便、投入低、带宽高等特点。特别是农村电网的覆盖范围广、环境复杂，采用有线通信代价高、维护不方便，所以配电自动化采用无线公网通信成为一种趋势。目前，在柱上开关监控、架空线路故障定位等应用中大量采用了无线公网通信。

4.10.26 无线公网通信主要包括哪几种？

答：无线公网通信主要包括 GPRS、CDMA、3G、4G、5G 等。

4.10.27 什么是无线专网通信？ 无线专网通信技术有哪些？

答：无线专网通信是为特定行业或用户群体提供安全、可靠、定制化无线通信服务的网络系统。其核心特点是独立性、安全性、高可靠性，与公众移动通信网络（如 4G/5G 公网）在技术架构、频段资源和服务对象上形成互补 。无线专网通信技术有 ZigBee、Wi-Fi、LoRa 等。

4.10.28 电力无线专网有哪些可用频段？

答：电力无线专网可用频段主要包括 230、400、1400、1800MHz 等，其中 230MHz 为国家无线电管理委员会批准使用的电力行业自由频段，包括 40 个频点，带宽 1MHz 频率资源。

4.10.29 什么是通信协议？

答：通信协议是双方实体完成通信或服务所必须遵循的规则和约定。协议定义了数据单元使用的格式、信息单元应该包含的信息与含义、连接方式、信息发送和接收的时序，从而确保网络中数据顺利地传送到确定的地方。

配电终端以太网中的网络层 IP 协议应同时支持 IPv4 和 IPv6 相关要求，配电终端远程通信应使用一个无线通信通道，业务和管理数据流使用不同端口号。

4.10.30　什么是 MQTT 协议?

答:MQTT 协议常用于配电物联网技术,通过消息队列遥测传输协议,是一种基于客户端—服务端的发布/订阅模式,与 HTTP 一样,基于 TCP/IP 的通信协议,提供有序、无损、双向连接,由 IBM 发布。MQTT 协议原理见图 4.10-10。

图 4.10-10　MQTT 协议原理

4.10.31　什么是通信规约?

答:通信规约是指通信双方的一种约定,对数据格式、同步方式、传送速度、传送步骤、检纠错方式及控制字符定义等问题做出统一规定,也称通信控制规程。

4.10.32　通信规约分为几种类型?

答:按传输模式,通信规约可分为循环式规约、问答式规约以及分布式规约。常用的通信规约有 IEC 60870-5-101 规约、IEC 60870-5-103 规约、IEC 60870-5-104 规约、CDT 规约、MODBUs 规约、DNP 规约、IEC 61850 规约及厂家自定义规约。

4.10.33　平衡式和非平衡式规约是如何理解的?

答:平衡式传输方式中101规约是一种"问答+循环"式规约,即主站端和子站端都可以作为启动站,而当其作用于非平衡式传输方式时101规约是问答式规约,只有主站端可以作为启动站。

4.10.34　配电终端无线通信链接具体是如何建立的?

答:在配电终端上电后,下载配电终端和无线模块参数,通过无线模块登录无线公网,发送心跳包与主站无线服务器进行通信连接,主站无线服务器接收到无线模块发送的心跳报文,识别无线模块上线,并发送确认心跳报文给无线模块,无线模块收到无线服务器回复的心跳报文,建立无线通道,进行通信。

当主站无线服务器判定无线模块在线时,前置服务器通过无线服务器向配电终端发送链路报文进行链路建立,前置服务器收到配电终端回复的确认链路报文后,完成配电终端与前置服务器的链路建立。当配电终端与前置服务器完成链路建立后,前置服务器向配电终端发送初始化报文、总召报文,配电终端回复确认报文及遥信遥测信息,主站与配电终端开始正常通信。

4.10.35 无线模块与无线服务器间的通信是如何建立连接的?

答:无线模块与无线服务器间通过相互发送心跳报文确认两者是否正常在线,配电自动化无线模块与无线服务器间心跳报文的时间间隔设定为60s。无线模块每60s发送一个心跳报文到无线服务器,若无线服务器收到心跳报文后应答无线模块,则无线服务器识别无线模块在线。如果无线模块60s内未收到无线服务器返回心跳报文,则间隔60s后继续发送心跳报文,若连续5次未收到无线服务器的应答,无线模块判定网络异常,断开连接,并进行重新连接,继续向无线服务器发送心跳包。若无线模块连续20次未收到无线服务器下应答数据,无线模块自动进行断电重启,重新开始建立连接。

4.10.36 配电终端与前置服务器间是如何连接的?

答:配电终端上线后,与配电主站前置服务器进行数据交互。当主站与终端无信息交互时,前置服务器定周期下发测试帧,若前置服务器在设定时间内未收到终端回复测试确认帧,主站即认为测试链路超时,并再次下发测试帧,若前置服务器连续下发3次测试帧均未收到终端回复测试确认帧信息时,前置服务器即认为该终端掉线。随即前置服务器下发建立链路报文,若在30s之内未收到终端复位链路报文,即认为该次建立链路超时,并重新开始建立链路,直到前置服务器收到终端回复确认链路报文,与主站建立链路。

4.10.37 配电终端离线是如何判定的?

答:(1)配电终端与主站无数据交互时,主站每间隔3min下发一次测试帧,若主站在30s内未收到配电终端回复测试确认帧时,主站将再次下发测试帧。若连续三次主站均未收到配电终端回复测试确认帧,则主站认为配电终端离线。

(2)无线服务器在5min内若未收到无线模块发送的心跳报文即认为模块离线。

4.11 安 全 防 护

4.11.1 配电自动化系统安全防护设备有哪些? 总体功能要求有哪些?

答:配电自动化主站系统安全防护设备包括配电加密认证装置、配电安全接入网关、数据隔离组件等专用于配电自动化系统的安全防护类产品。总体功能要求分别为:

(1)配电自动化安全类设备应有较强的环境适应能力,支持即插即用,具有高可靠性和适应性。

(2)配电自动化安全类设备应采用工业级硬件架构设计,结构形式应满足现场安装的规范性和安全性要求,且具备防拆卸功能。

(3)配电自动化安全类设备应具有明显的装置运行、通信等状态指示。

4.11.2　各类主站安全防护设备功能及安全要求是什么？

答：（1）配电加密认证装置：部署在配电自动化系统主站，与配电自动化系统主站前置机直连（或者通过专用交换机连接），能独立或并行为多个主站前置机提供密码服务和密钥管理。配电加密认证装置的安全要求如下：

1）应满足电力监控系统安全防护规定的要求；

2）应经公安部等国家权威部门测试通过，并获得安全产品销售许可证；

3）应经国家密码管理局测试通过，获得商用密码产品型号证书；

4）应采用代码可控的操作系统，裁减不需要的模块，关闭所有不需要的端口和服务；

5）应具备敏感信息紧急销毁机制或具备物理锁控制机壳开启功能；

6）应具备上电自检功能，自检内容包括但不限于器件自检、服务程序自检、安全性自检；

7）器件自检：对 CPU、风扇、加密卡等进行检查；

8）服务程序自检：对本地相关服务程序及功能模块的正确性进行检测；

9）安全性自检：密钥安全性检测、算法正确性检测。

（2）配电安全接入网关：部署在配电自动化系统主站与配电自动化终端的纵向连接处，能独立或并行提供密码服务，具备与配电自动化终端的双向身份认证、密钥协商、交互报文的加密/解密以及风险监测等功能。配电安全接入网关的安全要求应满足：

1）应满足电力监控系统安全防护规定的要求；

2）应经公安部等国家权威部门测试通过，并获得安全产品销售许可证；

3）应经国家密码管理局测试通过，获得商用密码产品型号证书；

4）应具备敏感信息紧急销毁机制或具备物理锁控制机壳开启；

5）应采用代码可控的操作系统，裁减不需要的模块，关闭所有不需要的端口和服务；

6）应具备上电自检功能，自检内容包括但不限于器件自检、服务程序自检、安全性自检；

7）器件自检：对 CPU、风扇、加密卡等进行检查；

8）服务程序自检：对本地相关服务程序及功能模块的正确性进行检测；

9）安全性自检：密钥安全性检测、算法正确性检测。

（3）数据隔离组件：部署在管理信息大区信息内网与第三方无线网络的边界，实现对配电自动化终端和业务系统的安全隔离，以及对非法报文的识别和过滤，防止非法链接穿透内网进行访问。数据隔离组件的安全要求应满足：

1）应满足电力监控系统安全防护规定的要求；

2）设备应经公安部等国家权威部门测试通过，并获得安全产品销售许可证；

3）应具备上电自检功能，自检内容包括但不限于器件自检、服务程序自检；

4）器件自检：对 CPU、风扇等进行检查；

5）服务程序自检：对本地相关服务程序及功能模块的正确性进行检测。

4.11.3 配电自动化终端的安全防护要求有哪些?

答：（1）配电终端的安全防护功能应基于安全芯片实现。

（2）安全芯片的使用应以不影响配电业务为原则，在不影响正常业务的情况下，提升配电终端的安全防护能力。

（3）应支持国家密码管理部门认可的密码算法，包括 SM1、SM2、SM3 等。

（4）应具有基于数字证书的认证功能，实现与主站等的双向身份认证。

（5）应具有数据加密功能，实现对数据的机密性保护。

（6）应具有数字签名与签名验证功能，用于确认数据来源的身份鉴别和对数据的完整性保护，并实现对数据的抗抵赖性保护。

1）安全芯片（security chip）。安全芯片是含有操作系统和加解密逻辑单元的集成电路，实现安全存储、配电业务数据加/解密、双向身份认证、存取权限控制等安全控制功能。

2）数字签名算法（digital signature）。附加在数据单元上的数据，是对数据单元所做的密码变换，这种数据或变换允许数据单元的接收者用于确认数据单元的来源和完整性，并保护数据以防被人（如接收者）伪造。

3）数字签名/验证（digital signature/verification）。签名者使用私钥对待签名数据的杂凑值做密码运算得到的结果，该结果只能用签名者的公钥验证，用于确认待签名数据的完整性、签名者身份的真实性和签名行为的抗抵赖性。验证是验证者使用签名者的公开密钥对数字签名进行验证的过程。

4）SM1 算法（SM1 cryptographic algorithm）是由国家密码管理局颁布的一种商用密码分组标准对称算法。

5）SM2 算法（SM2 cryptographic algorithm）是由国家密码管理局颁布的一种商用密码椭圆曲线公钥密码算法。

6）SM3 算法（SM3 cryptographic algorithm）是由国家密码管理局颁布的一种商用密码杂凑算法，用于数字签名和验签、消息认证码的生成与验证以及随机数的生成。

4.12 终 端 运 维

4.12.1 日常运维包括哪些内容?

答：日常运维主要包括馈线终端、站所终端、台区智能融合终端、故障指示器本体设备及与基于大Ⅳ区的配网管理信息系统、配电自动化Ⅰ区主站、配网故障定位系统日常巡视、隐患消缺、故障处理、设备异动维护等内容。

4.12.2 线路发生故障时指示器不翻牌，有时翻牌成功，但故障消失后指示器不能够及时复归是什么原因?

答：指示器正确动作需要整定参数，参数需和线路负荷正确匹配，并且设备应确保无硬件机械故障。指示器复归时间应按照招标要求进行调试配置，如无法按时复归需售后调试或更换。

4.12.3 当线路发生故障，故障信息传递不及时，造成信息接收延迟该如何解决?

答：需要现场检测 4G 信号强度、终端和指示器是否有电、终端和指示器之间通信是否正常。

4.12.4 配电终端和主站之间配合运维的工作有哪些?

答：主站运维人员通过主站系统对配电终端的遥测、遥信、遥控等状态进行监视，如发现设备异常，应及时通知配电终端运维人员现场查看对应设备的遥测、遥信状态是否与主站监测到的数据一致，如发现数据与现场实际情况不符，应首先检查开关机构及二次回路等环节是否存在异常。

4.12.5 配电终端日常运维前应做好哪些准备工作?

答：配电终端日常运维前应做好如下准备工作：
（1）核对本次运维工作的内容。
（2）准备并检查运维工作所需的资料，如配电终端一、二次接线图以及终端点表、保护定值单、调试记录表等。
（3）准备工作所需的安全工器具并进行检查，确保安全工器具都在检验合格期内且能够正常使用。

4.12.6 配电终端日常运维包含哪几个方面?

答：配电终端日常运维包含以下几个方面：
（1）设备台账管理。
（2）设备巡视。
（3）设备检修及缺陷处理。
（4）定值设定及修改。
（5）定期对关键业务的数据与应用系统进行备份。

4.12.7 配电自动化终端运行维护有哪些具体内容?

答：（1）建立通信设备台账，投入系统正式运行的设备应统一管理，未经主管领导或专责同意，不得无故停用。

（2）保证设备的正常运行及信息的完整性和正确性，运行的设备均应明确专责维护人员，建立完善的岗位负责制。

（3）建立设备巡视制度，每天定时检查通信网管系统运行情况、记录巡视记录单、故障记录单，发现异常通知相关人员及时处理。

（4）每天应定时检查接入的通信通道、记录巡视记录单、故障记录单，发现异常及时处理；接到相关人员的故障通知，应及时配合查明原因，立即处理。

（5）通信设备、通信通道的报表管理，应根据上级管理部门的要求，按月、季度、年度上报设备的运行情况报表，报表应保存两年通信系统运行记录和报表。

（6）应根据配电自动化设备的运行情况，配备专用的仪器仪表、工具和必要的备品备件。

4.12.8 配电终端台账管理应该注意哪些事项?

答：配电终端台账管理应按照设备（资产）运维管理相关技术规范要求，建立设备图形、台账，并与现场设备相符，设备在未建立台账前不得投运，不得出现设备、线路台账信息错误、不符和缺失等情况。此外，设备台账应根据现场设备变更情况及时更新，管理部门应每隔半年对设备台账等进行检查。应设专人对运行资料、磁（光）盘记录介质等进行管理，保证相关资料齐全、准确；建立技术资料目录及借阅制度。

4.12.9 新投运配电自动化系统应具备哪些技术资料?

答：（1）设计单位提供已校正的设计资料（竣工原理图、竣工安装图、技术说明书、远动信息参数表、设备和电缆清册等）。

（2）设备制造厂提供的技术资料（设备和软件的技术说明书、操作手册、软件备份、设备合格证明、质量检测证明、软件使用许可证和出厂试验报告等）。

（3）工程建设单位提供的工程资料（合同和技术规范书、设计联络和工程协调会议纪要、调整试验报告等）。

4.12.10 正式运行的配电自动化系统应具备哪些技术资料?

答：（1）配电自动化系统相关的运行维护管理规定、办法。

（2）设计单位提供的设计资料。

（3）现场安装接线图、原理图和现场调试、测试记录。

（4）设备投入试运行和正式运行的书面批准文件。

（5）各类设备运行记录（如运行日志、巡视记录、现场检测记录、系统备份记录等）。

（6）设备故障和处理记录（如设备缺陷记录）。

（7）软件资料（如程序框图、文本及说明书、软件介质及软件维护记录簿等）。

4.12.11 配电终端的缺陷如何管理和分类?

答:配电终端的缺陷管理是指在运行人员发现设备缺陷后,报告设备管辖单位的相关部室,并由配电自动化负责人受理和处理缺陷。配电自动化系统缺陷按不同严重和危急程度,一般可分为一般缺陷、严重缺陷和危急缺陷三个等级。

4.12.12 配电终端日常运维中发现的缺陷主要有哪些?

答:配电终端现场缺陷主要集中在通信模块、电源模块和开关机构及二次回路等环节。对于二次设备更换、加装后的终端设备,二次回路缺陷率往往较高;对于安装位置偏僻、靠近山区及地形复杂的终端设备,通信缺陷率往往较高;对于运行年限长、设备老旧的站房、环网柜配套终端,电源系统缺陷率较高。

4.12.13 配电终端电源系统运维需检查哪些方面?

答:(1)定期检查电源模块运行参数是否在合格范围内。

(2)蓄电池内阻偏差超过额定内阻值或超过投运初始值50%的,应进行活化或充放电处理。

(3)应对蓄电池端电压、充放电电流、内阻等关键指标进行周期性检测,对检测不合格的蓄电池及时更换。

(4)在蓄电池出现较深度地放电以后,以及在蓄电池运行一个季度时,应对蓄电池进行补充充电。

(5)蓄电池运行到使用寿命的1/2时,需适当增加测试的频次,如果电池内阻突然增加或测量电压有数值不稳等情况,应立即进行活化处理。

4.12.14 FTU 的巡视包含哪些内容?

答:(1)检查开关本体、FTU 外壳有无损坏、生锈等情况,终端内各标识牌是否字迹清晰、粘贴牢固;检查开关本体、FTU 内部各装置有无异响情况。开关本体结构及 FTU 本体结构分别如图 4.12-1、图 4.12-2 所示。

(2)检查一、二次设备接线端口有无松动,接线有无受腐蚀、老化等情况。

(3)检查 FTU 底部绿色运行指示灯是否正常闪烁,红色告警指示灯有无闪

图 4.12-1 开关本体结构

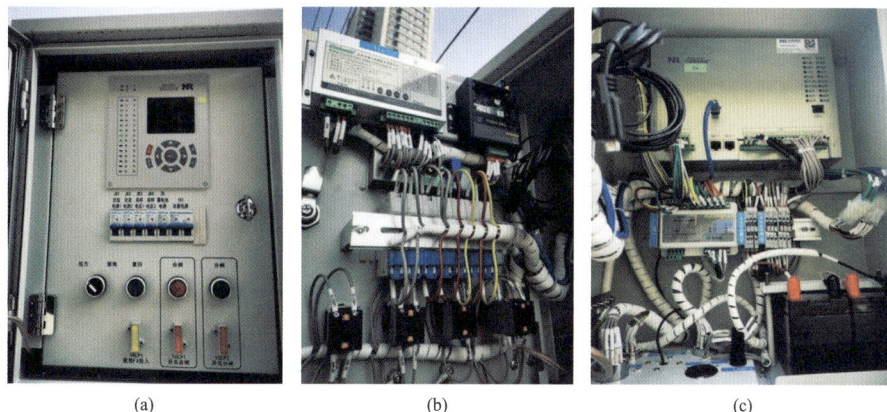

图 4.12-2 FTU 本体结构

（a）终端面板；（b）终端内部结构 1；（c）终端内部结构 2

烁，保护装置面板运行灯是否正常显示，电源模块及通信模块各指示灯是否正常显示。

（4）检查 FTU 各操作把手、硬压板位置是否符合当前运行状态。

（5）通信模块是否能够向主站正常收发数据。

（6）排查设备周围是否存在可能影响设备运行状况的因素。

4.12.15 FTU 检修应检查哪些内容？

答：（1）观察 FTU 外部指示灯是否正常闪烁（RUN 指示灯绿色闪烁为正常；A-LARM 指示灯常灭正常，红灯亮为异常）。

（2）检查 FTU 外壳的固定螺丝有无生锈卡死现象，必要时需进行更换。

（3）检查与 FTU 连接的航空插头内部有无水汽，并将其拧紧。

（4）检查 FTU 定值及压板状态是否与定值单一致。

4.12.16 FTU 保护定值设定及修改应该核对哪些信息？

答：FTU 保护定值设定及修改前应该核对设备所安装的线路名称、开关名称、装置型号，以及保护装置中的保护定值清单、软压板、设备参数等是否与定值单中所列项目一致，同时还要注意定值单最后的说明内容。对于成套 FTU 设备，定值设定需要核对互感器变比和 FTU 额定电流。

4.12.17 FTU 保护定值通常投入的内容有哪些？

答：FTU 保护定值中的被保护设备通常有四种类型，即分段开关保护、分支开关保护、用户分界开关保护、联络开关保护。其中，分段、分支、分界开关保护通常投入的内容有：过电流Ⅰ、Ⅱ、Ⅲ段定值及时间、零序过电流Ⅰ段定值及时间、过负荷告警值及时间、重合闸后加速段定值及时间、重合闸次数及时间等；联络开关保护通常投入过电流Ⅰ段定值及时间。

4.12.18 FTU软压板通常投入的有哪些内容?

答：FTU软压板通常有：过电流Ⅰ、Ⅱ、Ⅲ段出口软压板，零序过电流出口软压板，过负荷告警软压板，重合闸投入软压板，遥控投入软压板，远方修改定值软压板等内容。其余未列的软压板项目通常是退出状态。

4.12.19 DTU的巡视包含哪些内容?

答：(1) 确认现场DTU的工作电源是否正常。

(2) 检查DTU面板上的交流电源、直流电源、控制回路的空气开关是否合闸。

(3) 查看DTU是否处于运行状态，运行指示灯是否显示正常，故障指示灯是否显示。

(4) 查看DTU的遥信指示灯是否与现场一致。

(5) 查看DTU各个插件的运行指示灯是否正常显示。

(6) 查看DTU的人机交互面板是否正常显示，有无显示乱码、黑屏等现象。

4.12.20 DTU检修应检查哪些内容?

答：(1) 检查DTU外壳有无破损，各模块的固定螺丝有无生锈、缺失。

(2) 检查DTU与端子排连接的航空插头是否有松动的情况。

(3) 检查DTU定值及压板状态是否与定值单一致。

(4) 电源模块、通信模块故障的检修。

(5) 三遥功能的检修，包括遥信功能检修、遥测功能检修、遥控功能检修。

4.12.21 DTU保护定值设定及修改应该核对哪些信息?

答：DTU保护定值设定及修改前首先应核对设备所在的开关站、配电室或环网柜，还要核对被保护的设备名称、开关编号、保护装置型号，以及保护装置中的保护定值清单、软压板、设备参数等是否与定值单中所列项目一致，同时还要注意定值单最后的说明内容。

4.12.22 DTU保护定值通常投入的有哪些内容?

答：DTU保护定值中的被保护设备通常有五种类型，即进线开关保护、馈线开关保护、变压器开关保护、母联开关保护、备自投装置保护。前四种保护通常投入过电流Ⅰ、Ⅱ段定值及时间、充电保护定值及时间、过负荷告警定值及时间、非电量保护动作方式及延时，具体投入项目根据线路类型、被保护对象、保护装置功能确定；备自投装置保护通常投入母线有压定值、母线无压启动定值、电源1无流定值、电源2无流定值、电源 1 跳闸时间、电源 2 跳闸时间、合备用电源短延时、合备用电源长延时等，具体情况根据保护装置定值项目、名称及站房运行方式确定。

4.12.23 DTU 软压板通常投入的内容有哪些?

答：（1）单电源供电的站房通常投入过电流Ⅰ、Ⅱ、Ⅲ段出口软压板、零序过电流出口软压板、过负荷告警软压板、重合闸投入软压板、遥控投入软压板、远方修改定值软压板。

（2）双电源供电且具备备用电源自投功能的站房除单电源供电站房投入的软压板之外，还应投入电源 1 跳闸软压板、电源 2 跳闸软压板、电源 1 合闸软压板、电源 2 合闸软压板等。

4.12.24 台区智能融合终端巡视周期如何确定?

答：台区智能融合终端巡视周期应按照配电自动化相关运行管理规定，结合一次设备巡视情况来开展，一般来说其巡视周期可与一次设备的巡视周期相同；同时其巡视周期应结合设备运行环境（包括污秽、温/湿度条件等）、设备质量、设备投运时间、有无家族缺陷等因素综合考虑。当接到或发现异常情况的报告时，应立即安排特殊巡视。

4.12.25 台区智能融合终端巡视的主要内容有哪些?

答：（1）持图巡视，对照单线图及系统图核对现场终端位置，是否图、实、台账一致。

（2）设备外观检查，检查设备表面是否清洁，有无裂纹和缺损情况。

（3）二次接线检查，检查终端与一次设备连接的二次接线是否出现接线松脱或接线错误、插头是否松动、损坏等情况。

（4）终端电源检查，检查交流输入是否正常。

（5）终端通信检查，检查终端与主站间是否能够进行正常的数据收、发，截取的主站报文是否正常等。

（6）实时数据检查，检查终端实时遥测数据是否正常，遥信位置是否正确，向主站确认有无遥测、遥信信息等异常情况。

（7）终端运行工况检查，检查终端各种指示灯反应的终端运行状态是否正常。

4.12.26 台区智能融合终端巡视应准备哪些事项?

答：线路单线图、台区智能融合终端台账、标准化巡视卡、万用表、登高工具、个人工器具、相机等。

4.12.27　台区智能融合终端巡视时有哪些安全注意事项?

答:(1)防止触电,在巡视过程中严格执行安规相关规定,注意与其他带电设备尤其是裸露带电部位保持足够的安全距离。

(2)防止电流回路开路,在检查二次接线是否连接牢固时避免用力拉扯,防止电流回路开路造成人员触电、设备损坏。

(3)防止电压回路短路,在检查二次接线时防止电压回路短路造成人员触电、设备损坏。

4.12.28　台区智能融合终端日常运维内容有哪些?

答:(1)根据主站运行监控,核查是否有通信异常终端。

(2)现场巡视终端是否有松动的插头、端子排等,并及时进行紧固。

(3)根据终端的运行情况配备专用仪器仪表、工具,并常态化开展必要的备品备件储备。

4.12.29　台区智能融合终端台账管理有哪些注意事项?

答:台区智能融合终端台账管理应按照设备(资产)运维管理相关技术规范要求,建立设备图形、台账,并与现场设备相符,设备在未建立台账前不得投运,不得出现设备、线路台账信息错误、不符和缺失等情况。设备图形、台账应严格执行设备异动管理要求,发生设备变更及时进行更新,保证相关资料齐全、准确。

4.12.30　投入运行的台区智能融合终端应具备哪些技术资料?

答:(1)设备台账、现场安装接线图、原理图和调试、测试记录。

(2)设备运行记录,如巡视记录、现场检测记录等。

(3)设备故障和处理记录,如设备缺陷记录。

(4)软件资料,如维护程序、说明书等。

4.12.31　台区智能融合终端日常运维发现的缺陷主要有哪些?

答:台区智能融合终端日常运维发现的缺陷主要有通信模块及通信卡引起的通信异常、二次接线有误引起的终端采集数据错误等。

4.12.32　台区智能融合终端日常运维流程是什么?

台区智能融合终端日常运维流程如图 4.12-3 所示。

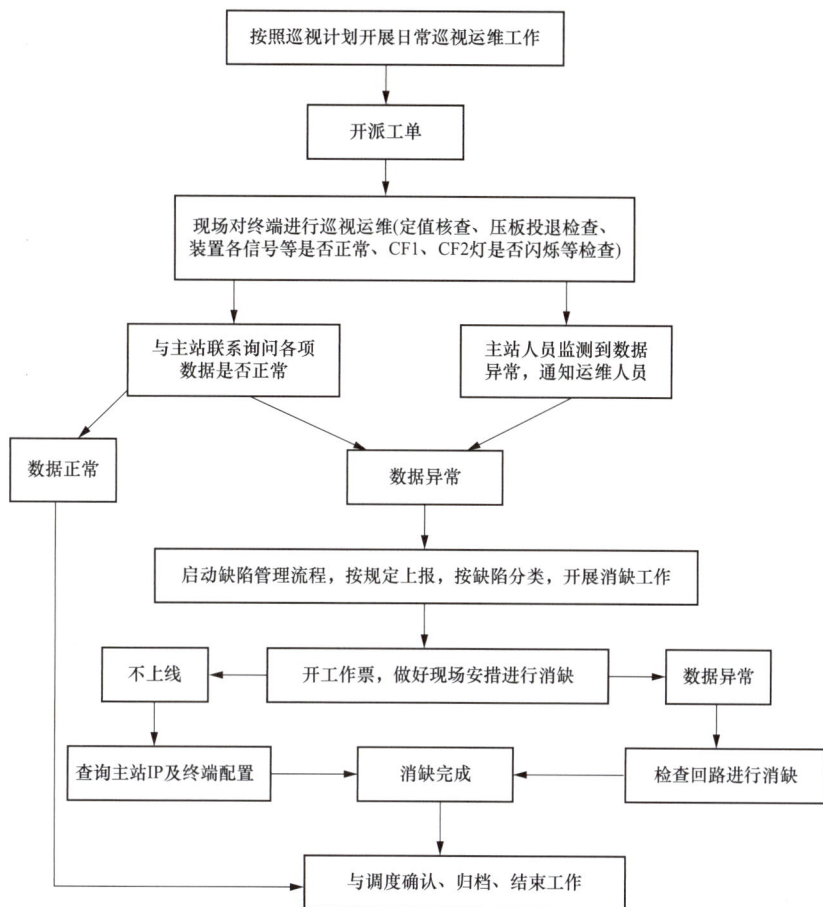

图 4.12-3 台区智能融合终端日常运维流程

4.13 主站缺陷及故障处理

4.13.1 配电自动化系统缺陷分为几级？每级缺陷如何定义？

答：配电自动化系统缺陷分为三个等级，分别为危急缺陷、严重缺陷和一般缺陷。

（1）危急缺陷是指威胁人身或设备安全，严重影响设备运行、使用寿命及可能造成自动化系统失效，危及电力系统安全、稳定和经济运行，必须立即处理的缺陷。

（2）严重缺陷是指对设备功能、使用寿命及系统正常运行有一定影响或可能发展成为危急缺陷，但允许其带缺陷继续运行或动态跟踪一段时间，必须限期安排进行处理的缺陷。

（3）一般缺陷是指对人身和设备无威胁，对设备功能及系统稳定运行没有立即、明显的影响，且不至于发展为严重缺陷的缺陷。

4.13.2 配电自动化缺陷处理响应时间及要求是什么？

答：（1）危急缺陷：发生此类缺陷时运行维护部门必须在 24h 内消除缺陷。

（2）严重缺陷：发生此类缺陷时运行维护部门必须在 7 日内消除缺陷。

（3）一般缺陷：发生此类缺陷时运行维护部门应酌情考虑列入检修计划尽快处理，具体措施：一是当发生的缺陷威胁到其他系统或一次设备正常运行时必须在第一时间采取有效的安全技术措施进行隔离，缺陷消除前设备运行维护部门应对该设备加强监视防止缺陷升级；二是配电自动化运维单位应做好缺陷统计和分析工作，实现缺陷闭环管理；三是配电自动化系统管理部门至少每季度开展一次运行分析工作，针对系统运行中存在的问题，及时制订解决方案。

4.13.3 配电自动化系统常见的危急缺陷有哪些？

答：配电自动化系统常见的危急缺陷包括但不限于：主站系统功能停用或主要监控功能失效；主站全部监控工作站故障停用；主站系统专用 UPS 电源故障；配电自动化通信设备故障，引起大面积通信中断等。

4.13.4 配电自动化系统常见的严重缺陷有哪些？

答：配电自动化系统常见的严重缺陷包括但不限于：主站系统重要功能失效或异常；配电终端发生遥控拒动等异常情况；终端通信通道中断；对调度员监控、判断有影响的重要遥信、遥测量故障；主站系统核心设备单机停用、单电源运行等。

4.13.5 配电自动化常见的一般缺陷有哪些？

答：配电自动化常见的一般缺陷包括但不限于：单点终端通信不稳定，时断时续；单点终端通信中断；单点终端的电压、电流等遥测值错误、不准确等。

4.13.6 遥控操作无法执行有哪些可能的原因？

答：（1）工况退出：查看终端是否在线。

（2）控制参数未定义完整：检查遥控点表。

（3）遥控预置超时：检查该遥控节点对时情况。

（4）遥控预置失败：查看是否有远方信号。

（5）监护遥控异常问题：首先检查本机与前置机对时是否异常，若对时不一致，则会导致发送本机及其他机器监护遥控弹窗无法弹出；再查看监护遥控程序 dms_sca_guard 程序是否启动，若程序未启动，则会导致发送本机及其他机器无监护遥控弹窗弹出。

4.13.7 前置收到报文，但图形未变化的原因有哪些？

答：（1）查看终端信息表——配电终端运行模式是否选择投运。

（2）查看对应前置机 dfes_net 进程是否异常。

（3）查看 DSCADA 服务器进程 dms_sca_point 进程是否异常。

（4）查看进程 dms_sca_analog 进程是否异常。

（5）查看进程 dms_sca_op 是否异常。

（6）如果是部分终端出现这种情况，查看分片是否异常。

（7）查看相应点表是否正常，是否存在空点情况。

4.13.8　遥信/遥测数据不刷新的原因有哪些?

答：（1）前置应用异常：检查通道是否正常，在前置服务器上使用 dfes_showreal 前置实时数据显示客户端查看前置接收数据是否正常刷新，在 DSCADA 服务器使用 dms_sca_showreal 实时数据显示工具查看数据是否正常刷新。

（2）前置进程异常：对于 dms_sca_point 和 dms_sca_analog 进程异常，切换 dscada 应用主机恢复；如果切换后未恢复正常，重启一台 DSCADA 服务器上的 dscada 应用。

4.13.9　导图常见问题有哪些?

答：（1）设备长度超定义（一般不超过 64 字节，即不能超过 24 个汉字）：对于此类问题，是由于设备名称长度超出系统规范的长度，需要对模型文件中该设备的名称进行适当修改，减少长度。

（2）母线长度超定义（实际长度不超出定义）。

1）原因：模型异动前后名称一致，但 rdf_id 等属性不一致，无法执行 update 语句。

2）处理方法：在导图程序中复制母线名称，在配网遥测定义表中文名称中粘贴，找到该母线遥测名，删除该列，保存并重新导图。

（3）单行子查询返回多行。

1）原因：商用库存在 2 条记录（同一设备对应不同 PMS_ID）。

2）处理办法：进入商用库删除重复记录，然后再进行正常导图操作。

4.13.10　当某配电终端 FTU 遥信遥测显示正常，系统查看开关显示"工况退出"，可能的故障原因有哪些?　对应的解决方法是什么?

答：可能的故障原因：一是由于通信通道中断引起终端通道退出，如光缆外力破坏、通信设备故障等；二是主站通道表参数（IP 地址、通道规约等）设置错误、配电终端通道参数设置错误；三是配电终端电源空气开关跳开或配电终端电源模块故障。

解决方法：一是联系互联网通信班组修复挖断的光缆，修复通信设备故障，及时恢复通信；二是正确设置通道表中的参数，确保 IP 地址与现场配电终端一致，通信规约与实际通信方式相符；三是合上配电终端电源空气开关，更换故障电源模块。

4.13.11　在短时间内，某配电终端 FTU 通道出现频繁投退现象，可能的故障原因有哪些?　对应的解决方法是什么?

答：可能的故障原因：一是通信不稳定，特别是无线通信受到干扰时会出现通道频繁投退；二是网口松动，引起通道频繁投退；三是 IP 地址或 MAC 地址冲突，相同 IP 地址或 MAC 地址的两台终端互相抢占通道资源，造成通道频繁投退。

解决方法：一是检查通信情况，及时消除干扰因素；二是牢固配电终端和通信终端的网线连接，仍然不能恢复的则更换网线；三是在配电主站配网通道表中检查是否存在与此终端相同 IP 的终端。

4.13.12 配电主站界面中的配网开关颜色显示异常，鼠标放在开关上显示"坏数据"，可能的故障原因有哪些？ 对应的解决方法是什么？

答：可能的故障原因：一是配电终端接线松动或接线错误，使两个端子都为高电平（1 1）或都为低电平（0 0）；二是配电主站遥信点号设置错误。

解决方法：一是检查配电终端接线，将松动的接线可靠连接，修正错误接线；二是查看配电主站遥信点号，正确配置开关遥信值、负荷开关辅助节点遥信值。

4.13.13 在短时间内，配电终端 FTU 多次上送遥信变位信息，可能的故障原因有哪些？ 对应的解决方法是什么？

答：可能的故障原因：一是配电终端遥信接线松动，导致接触不良；二是配电终端接线端子受潮，使触点时通时断。

解决方法：一是检查配电终端接线，将松动的接线可靠连接，修正错误接线；二是加装除湿装置。

4.13.14 当现场有过电流产生时，主站和终端均未收到过电流告警信号，可能的故障原因有哪些？ 对应的解决方法是什么？

答：可能的故障原因：一是主站数据库中点号录入不正确；二是通信不正常，导致过电流信号未上送；三是终端设置时，此终端的过电流整定值设置过大，所加电流未满足过电流条件，导致虽收到遥测值，没有触发过电流信号；四是三相 TA 只装了 A、C 两相，但现场只发生了 B 相过电流；五是当失去交流供电时，蓄电池未及时向终端供电，导致站点退出，过电流信号无法上送。

解决方法：一是查看数据库中前置遥信定义表中对应间隔开关过电流故障的遥信值点号，若不正确，则将点号修改正确后保存；二是查明通信异常原因，及时修复；三是现场配网运维人员在配电终端上将过电流定值设置正确，重新加过电流进行测试；四是完成 B 相 TA 的安装；五是恢复交流供电，更换电源模块。

4.13.15 主站发现某站所终端 DTU 个别间隔遥信信号状态与现场实际情况不一致，可能的故障原因有哪些？ 对应的解决方法是什么？

答：可能的故障原因：一是终端遥信接线不正确；二是主站数据库中点号录入不正确。

解决方法：一是现场配电二次人员改正遥信错误接线；二是主站查看数据库中前置遥信定义表中对应间隔开关遥信值和辅助节点遥信点号，若不正确则将点号修改正确后保存。

4.13.16 主站发现某配电终端电池电压显示为零，可能的故障原因有哪些？对应的解决方法是什么？

答：可能的故障原因：一是蓄电池接至终端的连线松动；二是主站数据库中点号录入不正确；三是遥测板件损坏；四是终端电池缺失。

解决方法：一是将蓄电池至终端的连接线接紧；二是主站查看配网前置遥测定义表中电池电压所对应的点号，若不正确则将点号修改正确后保存；三是及时更换遥测板件；四是加强终端监管和保护力度。

4.13.17 主站遥控预置时显示"失败，预置超时"，可能的故障原因有哪些？对应的解决方法是什么？

答：可能的故障原因：一是主站正确下达预置命令后，终端未收到预置信息或终端收到预置信息却未发送反校信息，导致预置超时；二是终端远方、就地切换开关在就地或闭锁位置，或开关远方端子接线松动，导致实际并未将终端切换至远方位置。

解决方法：一是若终端未收到预置信息，确认通信是否正常，若通信异常联系通信部门消缺；若终端收到预置信息却未发送反校信息，需终端确认配置是否正确，若不正确及时修正。二是将远方、就地切换开关切换至远方位置或将远方、就地切换开关接线接紧。

4.13.18 调度员在遥控过程中，点击"发送"，遥控监护画面无法弹出，显示等待界面"请等待监护员确认"，一段时间后显示"监护员拒绝"，可能的故障原因有哪些？对应的解决方法是什么？

答：可能的故障原因：一是监护节点与目前的工作站不对应；二是由于本机遥控监护进程（dms_sca_guard）未启动引起监护界面无法弹出。

解决方法：一是点击监护节点下拉菜单，选择监护节点与当前工作站一致，点击"发送"，监护界面便会弹出当前页面；二是若监护节点设置正确，可通过将监护进程（dms_sca_guard）重启来消缺。

4.13.19 调度员在远方遥控后，配电主站系统反馈遥控失败，现场实际开关未动作，可能的故障原因有哪些？对应的解决方法是什么？

答：可能的故障原因：一是配电终端或一次设备故障，现场查看故障原因，通过分段测试的方法，确定故障设备；二是通道退出，通过分段测试的方法，确定故障设备；

三是主站侧配置原因，如显示遥控参数未定义。

解决方法：一是更换配电终端或一次设备损坏部件；二是对通信故障问题进行处置；三是修改主站数据库中参数配置。

4.13.20　调度员在远方遥控后，配电主站系统反馈遥控失败，可能的故障原因有哪些？　对应的解决方法是什么？

答：可能的故障原因：一是通信异常；二是配电终端设备故障。

解决方法：一是检查通信运行情况，是否存在遥控期间遥信变位数据传输过慢的现象；二是检查遥信回路。

4.13.21　调度员在远方遥控配网 A 开关，而现场配网 B 开关动作，可能的故障原因有哪些？　对应的解决方法是什么？

答：可能的事故原因：一是主站或终端点号设置错误；二是主站或终端 IP 设置错误；三是终端接线错误。

解决方法：一是检查配网下行遥控信息表中 A 开关遥控点号，是否错误填为 B 开关的点号；二是检查配网通道表中终端 IP 设置，遥控 A 开关的 IP 是否错填为 B 开关的 IP；三是检查配电自动化终端接线情况，遥控 A 开关是否错接到 B 开关上。

4.13.22　某条线路跳闸后，馈线自动化启动，但方案不正确，可能的故障原因有哪些？　对应的解决方法是什么？

答：可能的故障原因：一是图形拓扑错误；二是开关跳闸信号未上送；三是开关跳闸信号关联错误或未关联，导致跳闸信号虽正确上传，但系统接收到错误的跳闸信号；四是上次动作故障的跳闸信号未及时复归，出现不属于此次故障的跳闸信号。

解决方法：一是进行图形校验，与实际配网运行网架进行对比，修改错误图形，如图形正确，进行拓扑校验，对节点号进行纠正；二是对现场设备进行消缺；三是修改跳闸信息关联设置；四是手动进行跳闸信号复归。

4.13.23　某站所终端 DTU 现场信号核对，主站人员反馈收到的信号与现场人员所说不一致：开关名称不一致、信号内容不一致，应如何排查？

答：一是排查终端在线情况，通信相关参数，如名称与 IP 一致性等。

二是排查现场开关名称、PMS、自动化系统图形资料是否一致。

三是排查终端信息表与主站数据库信息表配置情况。

四是排查现场二次回路接线情况。

五是排查开关位置节点。

4.14 终端缺陷及故障处理

4.14.1 故障指示器常见缺陷及故障如何处理?

答:(1)故障指示器通信异常处理,以天津浩源为例:

1)检查采集单元和汇集单元内部设置的组地址和频点是否一一对应。

2)检查 SIM 卡安装是否出现松动或者咨询办卡营业商,确认 SIM 卡是否激活。

3)终端烧毁:若烧毁后外表将会出现烧黑迹象,采集单元外部迹象比较明显,采集单元白色区域将变黑。此时需要联系厂家进行换新处置。

(2)查询物理层状态显示 SIM 卡不正常、模块状态正常的处理,以北京科锐为例,如图 4.14-1 所示:

1)确认新办理的 SIM 卡是否开通。

2)专网模式下,确认 SIM 卡是否开通专网功能。

3)确认 SIM 卡槽是否松动,接触不良,导致 SIM 卡识别异常。

概要	物理层	网络层	应用层		
模块状态:	正常		注册状态:		未注册(0)
IMEI:	86722 30249 65147		信号值:		0(0%)
MCC/MNC:	未知		LAC:		未知
SIM卡:	不正常		IMSI:		未知

图 4.14-1 SIM 卡不正常、模块状态正常

(3)模块正常、SIM 卡状态正常,但是注册状态始终显示"未注册",以北京科锐为例,如图 4.14-2 所示:

概要	物理层	网络层	应用层				
模块状态:	正常	注册状态:	未注册(2)		重启信息:		软重启
IMEI:	86722 30249 65147	信号值:	9(29%)		频段:		未知
MCC/MNC:	未知	LAC:	未知		CELL ID:		未知
SIM卡:	正常(正在使用)	IMSI:	46002 79241 57748		ICCID:		89860 0E926 15958 10893

图 4.14-2 注册状态显示"未注册"

1）确认卡的模式是否正确，比如主站网络是 4G 网络，但是办理的卡是 2G 卡，导致注册不了。

2）确认参数是否配置正确，如图 4.14-3 所示。查看 SIM 卡设置下的网络模式是否正确，比如 2G 的卡，如果强制成 4G 网络模式，则会导致注册不了。

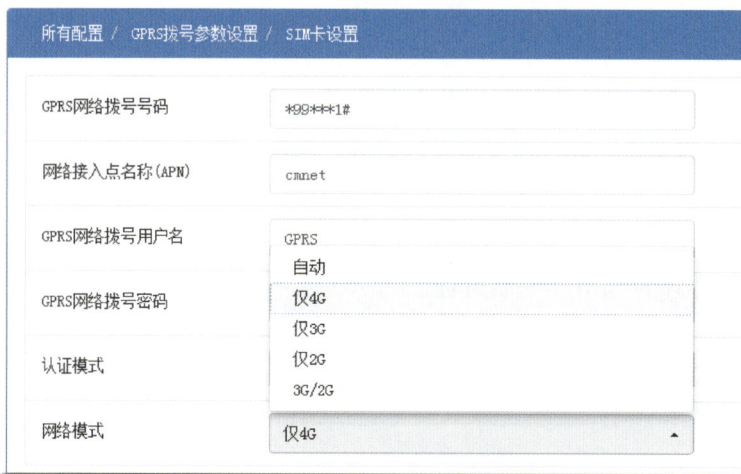

图 4.14-3　确认参数是否配置正确

（4）电池运行一段时间出现没电现象，以北京科锐为例：一般根据现场经验，太阳能取电的终端在现场运行一段时间之后，电池出现低电量现象，原因一般有以下几种：

1）主板太阳能给电池的充电回路出现异常，此功能可使用以下方法进行排查：将连接主板的太阳能端子、电容、电池端子都拔掉，然后对于 12V 的主板在太阳能端子座处接入 12V 的电源，用万用表测量电池端子座的 BAT＋和 GND 之间的电压，如果有 12V 左右电压输出，则主板正常；如果输出电压过低或者没有电压输出则主板异常。同理对于 6V 的主板，可在太阳能端子接入 6V 电压进行验证，测量 BAT＋和 GND 之间电压输出在 6V 左右则主板正常，否则主板异常，更换主板即可。

2）观察现场终端太阳能板是否朝南面安装，且与水平面呈 45°夹角。如果太阳能板安装位置太偏，会导致接受光照强度不足，影响电池充电。

3）观察现场终端的安装位置，是否有楼房、树木等遮挡物遮挡阳光，导致太阳能板接收光照强度不足，影响电池充电。

（5）主板上电不运行，以北京科锐为例：

1）测量电池是否有电，比如 12V 电池低于 10.5V 左右主板断电不运行，6V 电池低于 5.7V 左右，主板断电不运行，此时可以对电池进行充电或者更换一个新电池。

2）主板异常，更换主板。

4.14.2 终端的缺陷及故障主要分为哪几类?

答:(1)终端外观缺陷。

(2)终端内部模块运行缺陷及故障。

(3)终端二次回路缺陷。

(4)终端软硬压板、操作把手缺陷及故障。

(5)终端与主站之间通信缺陷及故障。

4.14.3 终端外观缺陷如何排查及处理?

答:(1)检查终端外壳是否完好,有无破损或变形,如有破损或变形应及时修复。箱式FTU还应检查柜门是否能正常开闭,如有变形应修复或更换。

(2)若有保护装置液晶面板,检查面板是否存在花屏、黑屏、乱码等现象,如有以上现象应联系厂家进行更换。

(3)检查箱式FTU装置内部是否存在异物,如鸟窝、垃圾等,如存在以上情况应及时清理。

4.14.4 终端内部模块运行缺陷如何排查及处理?

答:(1)检查FTU外壳底部、DTU面板上绿色运行指示灯是否正常闪烁,若指示灯不亮,应用万用表测量装置有无220V供电电压。如有电压应检查电源模块运行是否正常,如无电压应确定装置TV一次侧接线是否正确,若接线有误应及时停电处理。

(2)检查终端内部各模块运行指示灯是否正常,若所有模块运行指示灯都不亮,则按照第(1)条内容进行处理,若只有其中某个模块运行指示灯不亮,则应检查电源模块与该模块之间的直流回路,若回路正常则考虑是否模块出现故障。

4.14.5 终端二次回路缺陷如何排查及处理?

答:(1)FTU检查与断路器之间的航空插头是否紧固,DTU检查与开关柜之间的接线端子或航空插头是否紧固,避免出现接触不良现象。

(2)检查终端信号回路、采样回路、电源回路接线是否紧固,端子排是否插牢。

(3)FTU的TV二次侧接线方式采用双回路接线(即一组为220V电源回路,另一组为100V采样电压回路),若在TV二次侧将两组接线接反,应在箱式FTU内部二次回路接线端子处调整接线进行消缺,可避免线路停电。

(4)若出现采样相别或开入量信息与实际不符等情况,箱式FTU应对照二次回路图纸核对接线是否有误。

4.14.6 终端软硬压板、操作把手缺陷如何排查及处理?

答:(1)检查装置软、硬压板状态是否与定值单所列内容相符,如有不符应及时修正。

（2）检查远方/就地操作把手是否能正常转换，并在装置面板开入量中观察是否能够正确变位。如有异常首先判断是否为操作把手机构故障，其次对照二次接线图，通过短接等方式判断是否存在二次回路缺陷。

4.14.7 终端与主站之间通信缺陷及故障应如何排查处理？

答：（1）检查通信模块运行是否正常，若通道中断但模块运行灯正常显示，则将FTU重启，并做下一步判断。若模块自身存在缺陷，应及时联系厂家进行更换。

（2）检查通信 SIM 卡有无松动、接触不良或未插入 SIM 卡等情况。

（3）联系相应 SIM 卡运营商检查该卡状态是否正常，有无被锁定情况。如被锁定，应及时联系解锁。

（4）检查 FTU 通信模块天线情况，若将天线放置在装置内部会对信号造成较大衰减，应及时将天线吸附在装置外部牢固位置。

（5）FTU 安装场所存在差异，造成通信不畅，应及时联系通信运营商加装信号放大器或更换其他通信运营商 SIM 卡，并重新配置通道参数，参数可由厂家人员提前配置好，并导出配置文件，现场工作人员只需用相应调试软件导入配置文件即可。

（6）检查 SIM 卡 IP 地址是否正确配置。若由于部分 SIM 卡流量超出限制导致 IP 地址被清空，应联系厂家重新配置。

4.14.8 终端通信模块软件如何升级？

答：（1）准备一根串口转 USB 连接线，将通信模块串口与笔记本电脑连接。

（2）打开配置工具软件，不同通信模块软件不同，此处以某一厂家的软件为例。

（3）步骤 1 点击读取文件，步骤 2 选取要升级的程序，步骤 3 点击打开，步骤 4 下载程序，程序下载成功后会提示 FRAME OK，随后弹出等待设备进入配置，20s 计时开始，之后会弹出是否重启模块的对话框并选择"是"。

（4）升级完成后可点击查询版本，查看是否升级成功。具体步骤如图 4.14-4 所示。

4.14.9 终端遥测数据异常包含哪几个方面？

答：终端遥测数据异常包含交流电压采样异常、交流电流采样异常和直流量异常等。

4.14.10 终端交流电压采样异常缺陷应如何处理？

答：（1）首先判断电压异常是否属于电压二次回路问题，用万用表测量终端遥测板电压输入端子电压值。若二次输入电压异常，应逐级向电压互感器侧检查电压二次回路，直至电压互感器二次侧引出端子位置，若电压仍然异常，即可判定为电压互感器一

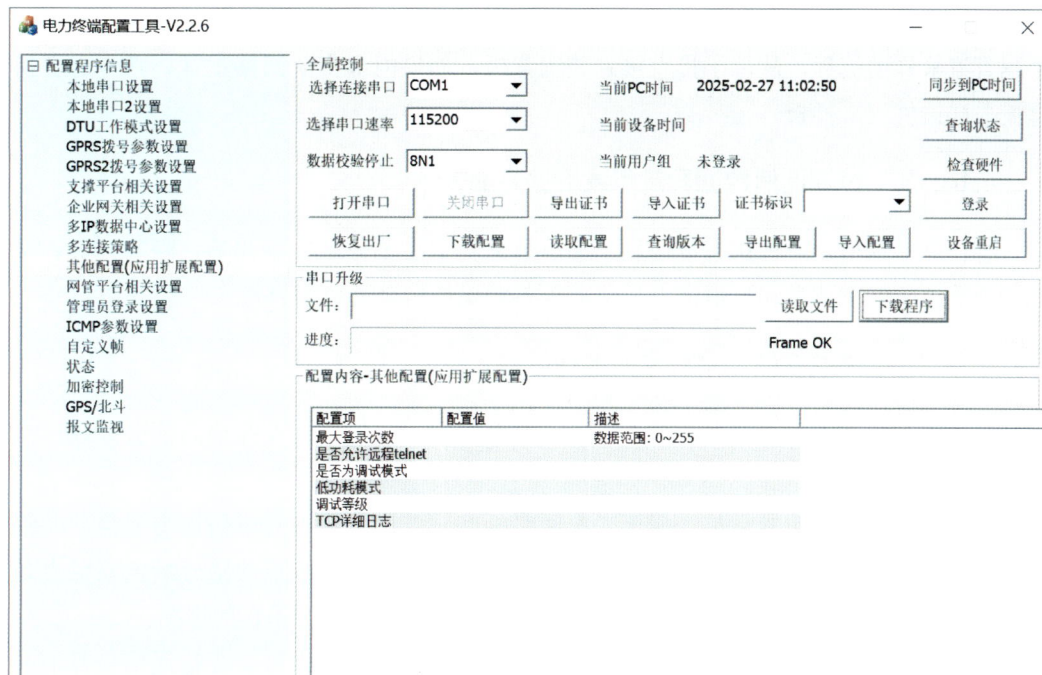

图 4.14-4 终端通信模块软件升级

次输出故障。

（2）若二次输入电压正常，应使用液晶面板或终端维护软件查看终端电压采样值是否正常，若正常即可判定为配电主站侧遥测参数配置错误，否则应检查终端遥测参数配置是否正确，若正确即可判定为终端本体故障，应更换终端遥测采样插件（采样板）。

4.14.11 终端交流电流采样异常缺陷应如何处理？

答：（1）首先判断电流异常是否属于电流二次回路问题，用钳形电流表测量终端遥测板电流输入回路电流值。若二次输入电流异常，应逐级向电流互感器侧检查电流二次回路，直至电流互感器二次侧引出端子位置，若电流仍然异常，即可判定为电流互感器一次输出故障。

（2）若二次输入电流正常，应使用液晶面板或终端维护软件查看终端电流采样值是否正常，若正常即可判定为配电主站侧遥测参数配置错误，否则应检查终端遥测参数配置是否正确，若正确即可判定为终端本体故障，应更换终端遥测采样插件（采样板）。

4.14.12 终端直流量异常缺陷应如何处理？

答：终端直流量异常情况分以下几种：

（1）外部直流回路缺陷的处理：如果是直流电压回路，可以解开外部端子排，用万用表测量电压；如果是直流电流回路，可以用钳形电流表直接测量。

（2）内部直流回路问题的处理（包含端子排）：检查装置内部回路问题时，首先要了解直流采样的流程，从端子排直接到装置背板，如果内部直流回路正常，则考虑更换直流采样插件（采样板）。

4.14.13 终端遥信数据异常包含哪些方面？

答：终端遥信是一种状态量信息，遥信数据异常主要体现在断路器、隔离开关、接地开关等位置状态信息和过电流、过负荷等各种保护信息的数据异常。

4.14.14 终端遥信信号异常应如何处理？

答：（1）检查控制回路电源是否正常，若控制回路无电源或存在缺陷都会导致所有遥信状态处于异常。

（2）判断信号状态异常是否属于二次回路的问题，用万用表对遥信点与遥信公共端测量，如果信号状态与实际不符，则检查遥信采集回路的辅助触点或信号继电器触点是否正常，端子排内外部接线是否正确、是否有松动、有没有接触不良的情况。

（3）若外部遥信输入正常，应使用液晶面板或终端维护软件查看终端遥信采样值是否正常，若正常即可判定为配电主站侧遥信参数配置错误，否则应检查终端遥信参数配置是否正确，若正确即可判定为遥信采样插件（采样板）故障，应尽快更换。

4.14.15 终端遥信信号异常抖动应如何处理？

答：（1）检查配电终端装置外壳和电源模块是否可靠接地，若没有接地则做好接地。

（2）检查配电终端防抖时间设置是否合理，可以适当延长防抖时间至 200ms 左右。

（3）检查该二次回路连接点是否牢靠，螺丝是否拧紧，压线是否压紧。

（4）将配电终端误发遥信的二次回路进行短接后观察。

（5）在配电主站监视该配电终端误信号在二次回路短接之后 7 天内是否有继续发生遥信误报情况，如果遥信误报消失，则更换开关辅助触点后观察 7 天，如果遥信误报仍然存在，则可能存在配电终端电磁兼容性能不过关等情况，需对配电终端重新进行电磁兼容性测试。

4.14.16 终端遥控信息异常包含哪些方面？

答：终端遥控信息异常主要包含配电终端对遥控预置、遥控返校、遥控执行等命令的处理异常。

4.14.17 终端遥控预置失败应如何处理？

答：（1）配电主站"五防"逻辑闭锁，如带接地开关合断路器、带负荷电流拉开关等均会导致遥控预置失败。

（2）配电主站与配电终端之间通信异常，可以在主站侧查看终端通信模块是否在线，应确保终端在线并与主站通信正常的前提下，才能进行遥控操作。

（3）配电终端处于就地位置，将面板上的"远方/就地"切换把手切换到"远方"位置即可。

（4）CPU 插件故障，应断开保护装置电源，更换 CPU 插件即可解决。

4.14.18　终端遥控执行失败应如何处理？

答：（1）遥控执行继电器无输出，可判断为遥控插件故障，可关闭装置电源，更换遥控插件。

（2）遥控执行继电器动作但端子排无输出，检查遥控回路接线是否正确，还需检查对应压板是否闭合。

（3）遥控端子排有输出但开关电动操动机构未动作，检查开关电动操动机构。

4.14.19　终端无法给柱上开关储能如何处理？

答：检查 FTU 输出操作电压与柱上开关本体的操作电压是否匹配。若 FTU 输出电压过高，可能导致储能线圈烧坏；若 FTU 输出电压过低，可能导致无法储能。

4.14.20　装置主电源失电如何处理？

答：（1）检查输入电源空气开关是否投入。

（2）装置主电源失电问题主要是由于引用的电源不匹配造成的。核对电源引脚标识，利用万用表检查航插内接入的 220V 电源是否正常，以确定故障在 FTU 本体或是在外部。

（3）若开关在分闸状态，则检查电压互感器是否安装在电源侧，若安装在负荷侧则无法取电。

（4）检查保险丝是否烧毁。

4.14.21　终端未显示电流信息如何排查？

答：（1）检查柱上开关涌流模式及 FTU 模式的切换是否完成。

（2）检查线路是否有负荷，若负荷很小，可能造成无法测量。

（3）检查航插线是否正确安装。

（4）利用电流钳表检查航插输入电流线路是否有电流，以确定故障在 FTU 本体或是在外部。

4.14.22　终端动作情况与定值设置不一致如何排查？

答：检查定值区设置是否正确，检查投入定值区与设置是否相符。

4.14.23　终端显示遥测信息与现场不符如何排查?

答：（1）检查柱上开关本地变比设置与 FTU 内变比设置是否一致。

（2）检查 FTU 内部 TA/TV 接线是否正确。

（3）利用钳形电流表检查航空插头输入电流，以判定故障在开关本体还是 FTU。

4.14.24　事故情况下后备电源无法供电如何排查?

答：（1）查看后备电源类型，超级电容在输入电源失电情况下仅可使用 15min。

（2）检查后备电源空气开关是否推上。

（3）若为蓄电池输出，检查蓄电池输出电压是否正常。

4.14.25　配电终端操作分合失败如何排查?

答：（1）检查压板投退是否正确。

（2）检查分合闸回路电压是否正常。

（3）检查是否有闭锁信号或待复归存在。

（4）部分型号需检查是否存在预置按钮。

（5）检查内部光耦或继电器是否正常。

4.14.26　DTU 通信中断如何排查?

答：（1）检查通信端口网口灯是否正常闪动。

（2）检查站内通信装置（交换机、规约转换器、加密模块）是否正常工作。

（3）检查光纤情况，检查与上级站的光纤是否正常。

（4）检查调度数据网是否正常工作。

4.14.27　DTU 失电如何排查?

答：（1）检查直流接线是否正常。

（2）检查站内直流系统输出是否正常。

（3）检查电源板输出是否正常。

（4）存在 UPS 的设备应检查 UPS 输出电压。

4.14.28　DTU 采集站内电压、电流不准确如何排查?

答：（1）电压不准确应检查屏后电压采集板处电压是否正常，以判断为 DTU 原因还是外部原因。

（2）电流不准确时应检查继电器上显示的电流是否正确。

（3）存在电压、电流变送器的情况下应用万用表测量变送器输出端，以判断是否为变送器故障。

4.14.29 FTU 终端掉线的原因有哪些?

答：(1) 通信模块死机，需对通信模块程序进行升级。

(2) 通信指示灯灭，通信模块损坏，需更换通信模块。

(3) 通信模块与 FTU 主板虚接，需重新进行紧固。

(4) 通信 4G 模块损坏，导致无法读取连接通信。

(5) 地处偏远地区，未按照要求连接天线。

(6) 地处偏远地区，四周无信号，需安装信号加强器或者更新最新通信模块程序。

(7) 由于电压互感器二次接线错误（交流 100V 与交流 220V 电源接反），终端关机造成通信模块失电，需调整电压互感器二次接线。

(8) FTU 终端死机，需断电对 FTU 进行重启。

(9) 若通信方式采用光纤通信，需检查通信链路光纤通道是否正常。

(10) SIM 卡故障，需更换 SIM 卡。

(11) SIM 卡卡槽松动，导致 SIM 卡自动弹出，应重新紧固 SIM 卡槽。

(12) 防雷模块损坏，需更换防雷模块。

(13) 电源模块损坏导致通信模块无电，更换电源模块。

(14) CPU 板内部电源元件烧损，造成通信故障。

(15) FTU 终端内置 ONU 电源线断线。

(16) 未正确导入正式版证书。

(17) 检查各模块均无误后，联系移动公司检查该 SIM 卡状态，是否存在欠费问题，重新充值缴费激活该 SIM 卡。

4.14.30 台区智能融合终端长期离线原因主要有哪些?

答：台区智能融合终端长期离线主要有两个原因：

一是无线模块故障、电源故障、终端故障、SIM 卡故障、主站系统问题、设备或通信元件故障。

二是配电线路计划停电、故障停电、通信服务商检修、参数配置错误、设备停运等原因。

4.14.31 台区智能融合终端常见网络通信故障有哪些? 故障原因及处理方法是什么?

答：(1) 故障现象：4G 模块无法连通主站。

1) 故障原因：①终端 IP、端口号等设置错误；②天线未接或天线接触不良；③SIM 卡安装不合适或 SIM 未开通、IP 绑定错误。

2）处理方法：①与运营商确认 SIM 卡是否正常并检查 SIM 卡是否已安装、接触良好；②检查 IP、端口号设置是否正确，若错误，及时更改正确；③检查天线是否安装并接触良好。

（2）故障现象：4G 拨号失败，模块指示灯只有电源灯工作。

1）故障原因：①信号未覆盖到或信号较弱，SIM 卡无法上线；②4G 模块内部组件（芯片）损坏。

2）处理方法：①将终端移至信号好的区域、增加长天线、通过运营商增强信号等；②软件连接 4G 模块查看内部组件（芯片）是否正常运行，若组件已损坏，及时联系厂家运维人员进行处理或返厂检修。

（3）故障现象：4G 卡拨号失败，卡无欠费。

1）故障原因：SIM 卡和模块卡槽绑定，一经启用，无法更换，卡被锁死。

2）处理方法：联系运营商解绑 SIM 卡，重新进行测试。

（4）故障现象：SIM 卡可正常获取 IP 地址，但是无法 ping 通主站，无法上线。

1）故障原因：由于 SIM 卡属性问题，无法自动固定路由。

2）处理方法：在模块配置 ip-up 文件，固定路由。

（5）故障现象：北斗测试时信号较弱，测试不通过。

1）故障原因：信号问题，北斗信号较弱。

2）处理方法：重新插拔 4G 模块，紧固北斗天线，并手动进行读取，多次进行尝试。

（6）故障现象：终端无法连接配电主站，终端掉线。

1）故障原因：终端主站参数配置错误或 VPN 配置错误。

2）处理方法：配置正确的通信参数。

（7）故障现象：主站设置主备 IP 后，设备断电再次上线失败。

1）故障原因：配电自动化主站设置主备 IP 地址，终端针对单一主站只能配置单 IP 地址，主站双 IP 地址原理为断电后随机分配，导致终端一直无法连接正确 IP。

2）处理方法：调整主站 IP 配置，修改为单 IP 地址。

（8）故障现象：模块发热严重，影响运行和寿命。

1）故障原因：为了使模块在超过 85°的环境温度下其性能不受影响及不影响模块的使用寿命，采用通过温度控制的方法降低模块核心温度。

2）处理方法：对 4G 模块进行升级。

4.14.32 台区智能融合终端常见软件故障有哪些？ 故障原因及处理方法是什么？

答：（1）故障现象：终端无电流数据。

1）故障原因：变压器负载较小，电流较小，104 配置文件电流零漂值默认为 0.2A，小于 0.2A 则不计量。

2）处理方法：将零漂值设置在合理值，或设置为 0。

（2）故障现象：台区智能融合终端加密不通过，查看安全代理报文，表现为加密报文报 GET ESN Error 且报文停止在此处。

1）故障原因：安全代理配置文件缺失或者格式错误导致，需要排查安全代理配置文件是否为空或丢失或修改过配置文件编码格式。

2）处理方法：用正常的安全代理配置文件替换有问题的安全代理配置文件，重启终端生效。

（3）故障现象：无安全代理报文，ping 不通主站。

1）故障原因：主站 VPN、主站 IP、端口号等主站信息配置错误。

2）处理方法：重新配置主站信息。

（4）故障现象：查询安全代理配置文件为空。

1）故障原因：终端上电未正常启动时突然断电造成。

2）处理方法：重新导入配置文件。

（5）故障现象：终端运行一段时间后发现容器中的 App 丢失。

1）故障原因：由于磁盘占满导致容器启动写容器文件时编写失败，导致容器文件为空，进而表现为 App 丢失。

2）处理方法：升级 35＋P011 和 42＋P002 补丁。

（6）故障现象：现场未停电的情况下交采上报电压、电流数据为零导致终端上报停电。

1）故障原因：软件判断逻辑有问题。

2）处理方法：更新交采底板和 App 程序，优化逻辑减少问题。

（7）故障现象：104App 获取失败。

1）故障原因：①104App 及交采 App 未启用；②交采 App 日志获取数据失败，可能是交采板与主控板连接松动。

2）处理方法：①通过容器信息按钮进行状态查看，通过启动 104App、交采 App 按钮开启应用；②查看交采板与主控板之间的连接，进行紧固。

（8）故障现象：管理组件不在线。

1）故障原因：ESN 码错误或者 SN 码错误，终端档案有问题。

2）处理方法：获取正确的 ESN 码和 SN 码，重新建档。

（9）故障现象：容器磁盘过载。

1）故障原因：104 日志文件过大。

2）处理方法：①清除 104 日志；②安装新版本 104App；③重启 lxc01 容器。

（10）故障现象：网口不通。

1）故障原因：/etc/network/interfaces.d/FE0 文件里有隐藏的乱码，导致 FE0 不显示。

2）处理方法：替换正确的配置 FE0 文件或者重启系统解决。

（11）故障现象：无法通过网口连接终端（部分电脑需要重启才能用串口连接，下载安装完程序文件，网口还是无法连接，多次重启后也无法连接）。

1）故障原因：终端没有设置网口永久开启。

2）处理方法：①维护串口连接终端；②"vi/etc/rc. local"，使用方向键把光标移动到该行前面，点击键盘"i"进入编辑，添加♯符号注释掉该行内容，点击"ESC"按钮，再键入"shift＋；"，输入"wq"回车保存退出编辑界面，再次查看是否一致即可。

（12）故障现象：双卡连配自营销两主站，4G 模块指示灯正常，ping 营销主站 ping 不通。

1）故障原因：ip-up 文件未设置营销主站 IP 的静态路由，只使用了默认路由。

2）处理方法：ip-up 文件增加营销 ip 的静态路由配置，关闭默认路由。

4.14.33　台区智能融合终端的硬件由哪些部分组成？

答：由 AC/DC 模块、HPLC 模块、核心板、主控板、交流采样板、无线 4G 模块组成，如图 4.14-5 所示。

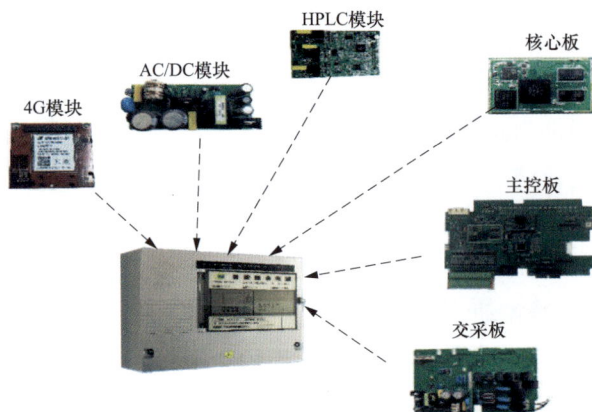

图 4.14-5　台区智能融合终端硬件结构

4.14.34　台区智能融合终端常见硬件故障有哪些？　故障原因及处理方法是什么？

答：（1）故障现象：通电后所有指示灯都不亮。

1）故障原因：①电源连接错误；②供电不正常；③AC/DC 模块故障。

2）处理方法：①检测电源线连接是否良好；②用万用表测量接入电压是否正常；③更换 AC/DC 电源模块。

（2）故障现象：RS-232、RS-485、PT100 功能异常。

1）故障原因：线路接线不正确。

2）处理方法：检查通信线路，更正错误接线。

（3）故障现象：上传电流/电压值异常。

1）故障原因：①TV/TA 二次回路接线不正确；②交流采样板故障；③交采板与主控板排线接触不好，SPI 通信异常。

2）处理方法：①检查 TV/TA 二次回路接线，更正错误接线；②更换交流采样板；③重新固定排线或更换排线。

（4）故障现象：4G 模块亮灯异常。

1）故障原因：4G 模块插针损坏，模块针脚弯折。

2）处理方法：纠正针脚，如针脚折断，返厂维修。

（5）故障现象：终端插入 4G 模块无法启动，启动后插入无问题，重启后又无法启动。

1）故障原因：主控板硬件问题，具体为主控板 MOS 管硬件问题。

2）处理方法：需要返厂维修或现场维修。

（6）故障现象：电压数据缺相。

1）故障原因：查看终端内部接线，装置出厂时接线错误，电压线保险接触不牢或断开。

2）处理方法：重新安装保险或检查调整接线。

（7）故障现象：缺少部分电压电流数据。

1）故障原因：重载连接器损坏，重载连接器插针凹陷。

2）处理方法：更换重载连接器。

（8）故障现象：无电压数据。

1）故障原因：底板空气开关损坏。

2）处理方法：更换底板空气开关。

（9）故障现象：终端加电后可正常上线，4G 模块信号灯不亮。

1）故障原因：测试 4G 模块没有问题，SIM 卡也没有问题，终端可正常上线。终端外壳底部的螺丝固定孔处的金属件触碰到了主控板，造成该现象。

2）处理方法：可将金属件拆除，即可点亮 4G 模块信号灯。

（10）故障现象：无停电、上电信息上报。

1）故障原因：终端断电后会立即没电，超级电容无法储能。

2）处理方法：超级电容故障，返厂维修。

（11）故障现象：终端升级 bin 包时报 MCU 错误。

1）故障原因：终端底板 SPI（终端左上角排线）接口故障。

2）处理方法：重新固定排线或更换排线。

（12）故障现象：外接设备连接终端时无法连接。

1）故障原因：端口波特率和外接设备波特率不一致。

2）处理方法：将外接设备和终端端口波特率设置一致。

（13）故障现象：RS-485 3 端口和 4 端口测试不通过。

1）故障原因：①因 RS-485 3、4 端口和 RS-232 共用端口，出厂时未切换到 RS-485状态；②端口波特率与测试台区不一致。

2）处理方法：①查看融合终端状态灯，SW1、SW2 指示灯灯亮：工作在 RS-485模式；灯灭：工作在 RS-232 模式。出厂默认开启 RS-485 端口，现场通过融合终端铭牌下方按钮可进行状态切换；②需要和台体厂家沟通，将波特率改成融合终端的波特率。

附录 A

台区智能融合终端调试接入标准化作业手册

A.1 前 期 准 备

台区智能融合终端到货检测前的准备工作，需提前确定好终端安装位置、做好台账录入、通信卡申请及终端建模资料准备。

A.1.1 安装位置确认

台区智能融合终端现场安装需结合工程实际，提前确定安装台区，并做好新建台区台账建立。

A.1.2 配网管理信息系统建台账

终端检测之前，由新建台区各县（区）公司配网数字化专责在同源系统建立配电变压器台账，推送至配网管理信息系统［对具备条件的市（州）公司可在配网管理信息系统直接建立配电变压器台账］。接入配网管理信息系统后，在配网管理信息系统【配电自动化微应用】模块中，输入台区名称，查询相关台区 PMS-ID，如图 A.1-1 所示。

图 A.1-1 配网管理信息系统终端台账建立

A.1.3 通信卡办理

根据招标计划及台区智能融合终端中标情况及时办理通信卡，在终端到货检测时由各县（区）公司相关负责人送至省电科院进行调试接入。

A.1.4 终端档案建立

根据配网管理信息系统台账建立后生成的信息，各县（区）公司填写批量导入模板，具体内容包括线路名称、台区名称、台区智能融合终端 ID、台区 PMS ID、低压出线开关数量、配电变压器容量、设备标识（ESN）、SIM 卡 IP、SIM 卡号码、终端所属厂家、网络描述、加密方式、开关名称等，如图 A. 1-2 所示。填写完成后提交至各单位主站管理人员完成终端模型批量导入。

说明：
1、标红色*为必填字段
2、台区名称：配变名
3、设备标识：系统注册的边缘代理的设备sn
[illegible]

模型信息								注册信息						开关名称			资产编码
线路名	*台区名称	*终端ID	*台区PMS ID	*低压出线开关数量	传感器数量	电容器数量	配变容量	*设备标识（ESN）	SIM卡IP	SIM卡号码	*所属厂家	*网络描述	加密方式	分支#1名称	分支#2名称	分支#3名称	
[illegible]	[illegible]	T23143A2000120220423004[illegible]	11000000_1528127948	3	0	3	100	1201021510981109	100.79.1.58	1440981414246	[illegible]	100.79.1.58	加密	[illegible]	[illegible]	[illegible]	
[illegible]	[illegible]	T23143A20001202204230040	11000000_1525943103	3	0	3	100	120102151097335[illegible]	100.79.1.57	1440981414245	[illegible]	100.79.1.57	加密	[illegible]	[illegible]	[illegible]	
[illegible]	[illegible]	T23143A20001202204230037	11000000_1529130901	3	0	3	100	1201021510971597	100.79.1.56	1440981414244	[illegible]	100.79.1.56	加密	[illegible]	[illegible]	[illegible]	
113[illegible]088#	[illegible]	T23143A2000120220423003[illegible]	11000000_1528127953	3	0	3	100	1201021510981491	100.79.1.55	1440981414243	[illegible]	100.79.1.55	加密	[illegible]	[illegible]	[illegible]	

图 A. 1-2 终端批量导入模板

A.1.5 条码申请

各送检单位中标台区智能融合终端项目确认供货数量及需求单位后，根据供货数量向省计量中心提交电能计量器具条形码申请单，申请资产条形码、逻辑地址，如图 A. 1-3 所示。

国网甘肃省电力公司市场营销事业部计量中心电能计量器具条码申请单 编2022-12-05					
厂家名称/盖章	××××	申请人员姓名		联系电话	
合同编号		中标日期		合同签订日期	
合同数量（只）		条码生成数量（只）		含税总价（元）	

项目名称		匹配地市	资金类型	资金来源	中标批次
设备类别	类别	型号	设备规格	类型	国网检测报告编号
智能终端	配电终端	SCT230A			
电压	电流	准确度等级	通信规约	载波类型	变比
3×220/380V	5A	0.5S			
接线方式	采购订单号	物料号	设备码	条码订单编号	订单日期
三相四线					
备注	台区智能融合终端				

厂家签字		条码生成人员签字	

图 A. 1-3 电能计量器具条形码申请单

A.2 到 货 检 测

到货检测主要包括电科院及省计量中心检测，电科院负责台区智能融合终端样机检测、到货全检及调试接入配网管理信息系统，同时完成智能电容器/断路器样机检测；省计量中心负责终端用电信息采集系统接入密钥下装。

A.2.1 电科院检测

各送检单位送检台区智能融合终端应同步提供正式加密证书，以供调试接入配网管理信息系统。

A.2.1.1 样机检测

各送检单位中标台区智能融合终端、10kV 变压器台成套/配电箱等项目后，需联系电科院开展样机送检，配合电科院完成台区智能融合终端、低压智能断路器、电容器样机送检工作，送检设备应满足公司招标技术规范要求，待样机检测合格后批量生产供货。

A.2.1.2 到货全检

各送检单位需提前安装 13 款应用 App 大包，按要求准备送检资料，并配合电科院完成台区智能融合终端到货全检工作。检测通过后需在台区智能融合终端外包装箱上标明该箱终端安装台区信息，便于现场准确安装，具体格式见表 A.2-1。

表 A.2-1　　　　　　　　终 端 安 装 台 区 信 息

送检单位	××公司		
招标批次	例：2023 年第一批配网物资协议库存		
县（区）公司	××市××县供电公司		
序号	ID	资产编码	所属台区
1			
2			
3			
4			

A.2.1.3 调试接入配网管理信息系统

各送检单位需在检测通过后完成终端加密程序配置、通信通道建立等配网管理信息系统接入工作，具体接入方法见附录 B，调试接入后可通过配网管理信息系统核验终端接入状态。

A.2.2 省计量检测

A.2.2.1 密钥下装

（1）配送省计量中心。在电科院完成检测后，由电科院统一安排物流和人员（电科院、送检单位人员）将台区智能融合终端配送至计量中心，与计量中心对接验货入库，查验数量，提交采集设备到货验收单及供货清单，如图 A. 2-1 所示。

国网甘肃省电力公司市场营销事业部计量中心采集设备到货验收单　　编号：××××-××-××

供货厂家名称/盖章		供货人员姓名		联系电话	
出厂日期	年　月　日	到货日期	年　月　日	验收日期	年　月　日
本批订单数量		本批订单条码号段			
本批到货数量		本批到货条码号段			
本批配件供货数量及本批计量器具剩余数量					

采集设备到货信息	项目、资金及地市公司		招标批次		合同号		到货批次号		
	计量器具类型	型号	常数	通信规约	支持全事件采集	上行通信通道	下行通信通道	本地通信方式	远程刺激方式
	制造标准	电压	电流	有功等级	有功常数	无功等级	无功常数	表位数	类别
	载波模块厂商	载波类型	载波频率范围	载波软件版本	载波型号	载波中心频点	过载倍数	谐波计量标志	付费率标志
	接入方式		双向计量		需量标志				
	直接接入	经互感器接入□	是□	否□	是□	否□	是□		否□
	请在下面填写到货计量器具的类型								
	请在下面填写到货计量器具的指示数类型								

验收信息	纸箱是否有破损	纸箱是否变形	纸箱是否有打包带	纸箱是否规范	纸箱是否防尘处理	纸箱是否防水处理	纸箱是否垫层	托盘是否规范	托盘是否破损
	是□　否□	是□　否□	是□　否□	是□　否□	是□　否□	是□　否□	是□　否□	是□　否□	是□　否□
	电能表外壳是否破损	电能表是否无污渍	条形码是否清晰	按键是否灵敏	液晶屏是否破损	智能仓储库房入库	自动检定抓取	自动出入库叠垛	辊筒线体输送
	是□　否□	是□　否□	是□　否□	是□　否□	是□　否□	是□　否□	是□　否□	是□　否□	是□　否□
	验收人员				验收结论				

计量中心 供货通知人员签字	资产组（条码生成）　年　月　日	计量中心 技术质检人员签字	技术质检组（供货前检验）　年　月　日
计量中心 资产建档人员签字	资产组　年　月　日	计量中心 到货验收人员签字	资产组　年　月　日

(a)

台区智能融合终端供货清单

序号	合同编号	厂家名称	项目名称	市（州）单位	订单数量	资产条码开始	资产条码结束

(b)

图 A. 2-1　设备到货验收单及供货清单示例

（a）到货验收单；（b）供货清单

（2）安装密钥。准备入库清单，计量中心建档完成后下发出库流程至计量实验室。计量检测平台对已下发台区智能融合终端进行下装密钥。密钥下装完成后，对终端封装入库。

A. 2. 2. 2　发货至县（区）公司

各送检单位在省计量中心完成密钥下装后联系物流发货至各县（区）公司，同时派遣技术人员赴现场安装。

A. 2. 2. 3　系统调拨资产

终端现场安装前，应由市（州）公司向省计量提出资产调拨申请，省计量在营销系统进行资产调拨，并将台区智能融合终端资产从省公司计量中心调拨至市（州）公司。

各县（区）向市（州）公司计量中心提出资产调拨申请，市（州）公司计量中心批准后在营销系统将资产调拨至县（区）公司。各供电所向所在县（区）公司提出资产调拨申请，在营销系统划拨至各供电所，完成资产调拨。

A.3 现 场 安 装

各县（区）公司数字化专责应开展台区智能融合终端到货验收，验收合格后按照台区智能终端的施工工艺要求，组织人员勘查现场是否具备安装条件。对已具备条件的台区按照工作流程开展终端安装及低压智能设备接入，完成后上电调试并接入用电信息采集系统，现场负责人应对安装过程进行监督及资料留存，对安装调试结果进行签字确认，确保施工全流程可追溯。

A.3.1 终端检查

终端到货后，应先检查终端是否在运输过程中损坏、规格型号是否与匹配物资一致。同时，按照设备附件清单，检查附件是否齐全或者破损，若有遗失或者损坏及时联系厂家进行补发。附件包括重载连接器公线、通信端子线束、弱电端子头、4G 天线、微功率天线、北斗天线、合格证及产品手册等。设备规格、附件满足要求后，应对终端本体进行检查验收，主要有：

（1）检查台区智能融合终端箱体外壳是否有破损，核对装置的铭牌信息，外壳是否贴弱电端子定义图，轻轻晃动终端箱体，听内部是否有异响。

（2）检查终端 SIM 卡是否安装，核对 4G 模块是否插入 SIM 卡、SIM 卡是否安装紧固、安装位置是否正确。

（3）检查终端强、弱电端子针脚是否端正，针脚长度是否符合要求，各元器件是否安装牢固、接触良好。

（4）检查终端插件，确保正确安装并且无螺丝松动。

（5）检查标签是否符合要求，确保所有标识满足工程需要。

若不符合上述要求及时联系厂家退货并进行更换。

A.3.2 终端安装

台区智能融合终端安装在台区综合配电箱计量室预留位置，安装工艺应符合技术要求，保证安装端正、牢固，接线简洁、布线美观，如图 A.3-1 所示。

A.3.3 低压智能设备接入

各单位需按技术要求同步完成智能断路器、电容器接入台区智能融合终端。调试接入后，通过配网管理信息系统核验低压智能设备接入状态。

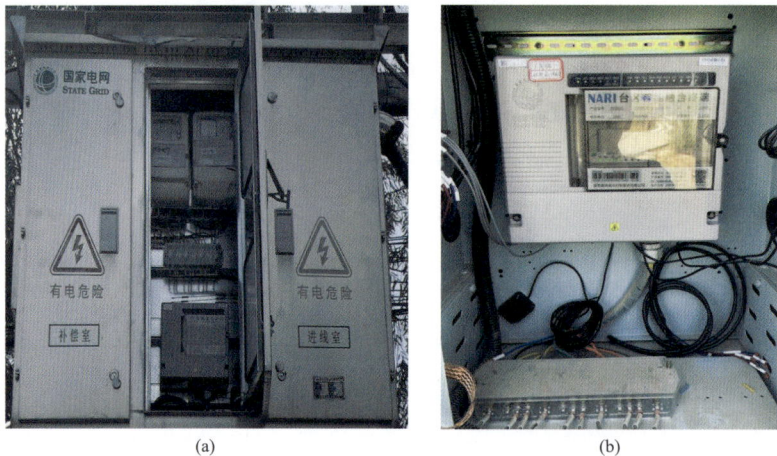

(a)   (b)

图 A.3-1   台区智能融合终端安装要求

（a）台区终端安装位置；（b）台区终端布线方式

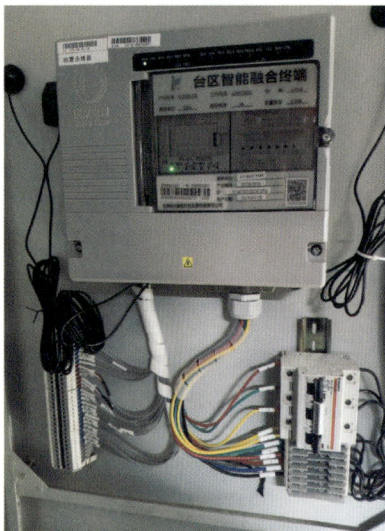

图 A.3-2   终端上电

A.3.4   终端上电

台区智能融合终端安装完成后，通过连接重载连接器即可实现上电。同时，应完成通信端子线束接驳，接线完成后用扎带绑扎整理接线，最后进行安装自检，重点检查强电接线各项工艺是否符合技术要求，如图 A.3-2 所示。

A.3.5   用电信息采集系统接入

各县（区）公司在完成终端上电、低压智能设备接入后，需完成台区智能融合终端接入用电信息采集系统。终端调试接入完成后，由电力营销业务应用系统发起新接入终端推送流程，通过用电信息采集系统核验终端接入状态。

A.4   系 统 查 阅

A.4.1   配网管理信息系统

打开配网管理信息系统，点击【工作台】—【配电自动化微应用】—【配变总览】，查找对应台区终端是否上线，状态是否已从【离线】变更为【正常】，终端采集电压、电流等数据是否正常，如图 A.4-1 所示。

图 A.4-1　台区智能融合终端运行状态查询

打开配网管理信息系统，点击【工作台】—【配电自动化微应用】—【配变总览】—【低压分支开关】，查找对应台区断路器电压、电流等信息，查看断路器上线情况，如图 A.4-2 所示。

图 A.4-2　低压分支开关运行状态查询

打开配网管理信息系统，点击【工作台】—【配电自动化微应用】—【配变总览】—【低压用户】，查看用户接入情况。

A.4.2　用电信息采集系统

打开用电信息采集系统，实时召测当前台区户表数据，查看是否接入成功。

A.5　运　维　注　意　事　项

为及时掌握台区智能融合终端及相关设备的运行状况，及早发现设备出现的缺陷及危及安全运行的各类隐患，及时采取相应的措施予以消除，应定期对台区智能融合终端及相关设备进行巡视检查，并根据台区智能融合终端的运行情况配备专用的仪器仪表、工具和常态化开展工作必要的备品备件。

A.5.1　日常运维管理

现场日常运行维护过程中，可通过观察终端运行灯判断终端运行情况。

（1）终端本体运行指示灯如图 A.5-1 所示。各指示灯具体定义及含义见表 A.5-1。

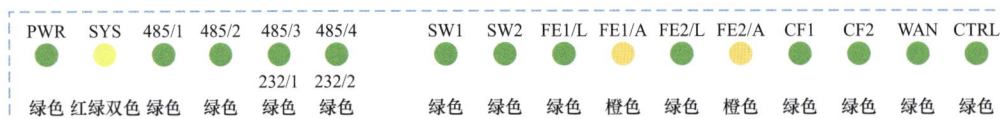

PWR	SYS	485/1	485/2	485/3	485/4		SW1	SW2	FE1/L	FE1/A	FE2/L	FE2/A	CF1	CF2	WAN	CTRL
					232/1	232/2										
绿色	红绿双色	绿色	绿色	绿色	绿色		绿色	绿色	绿色	橙色	绿色	橙色	绿色	绿色	绿色	绿色

图 A.5-1　终端本体运行指示灯

表 A.5-1　　　　　　　　　　终端本体指示灯具体定义及含义

序号	定义	指示灯含义	指示灯颜色	指示灯说明
1	PWR	电源工作状态	绿色	常亮：正常上电
2	SYS	设备运行状态	红绿双色灯	①灯均不亮：软件未运行或正在复位；②绿色慢闪：系统正常运行状态；③绿色快闪：系统处于上电加载或者复位启动状态；④红色常亮：单板有影响业务，且无法自动恢复的故障，需人工干预
3	RS-485/1	RS-485 Ⅰ 口通信状态	绿色	快闪：表示有数据传输；常灭：表示无数据传输
4	RS-485/2	RS-485 Ⅱ 口通信状态	绿色	
5	RS-485/3 或 RS-232/1	该端口可在 RS-485 或 RS-232 端口间切换，指示 RS-485Ⅲ或者 RS-232Ⅰ通信状态	绿色	
6	RS-485/4 或 RS-232/2	该端口可在 RS-485 或 RS-232 端口间切换，指示 RS-485Ⅳ或者 RS-232Ⅱ通信状态	绿色	
7	SW1	指示第三路 RS-485 端口的工作模式	绿色	灯亮：工作在 RS-485 模式；灯灭：工作在 RS-232 模式
8	SW2	指示第四路 RS-485 端口的工作模式	绿色	灯亮：工作在 RS-485 模式；灯灭：工作在 RS-232 模式
9	FE1/L	第一路 FE 端口的 link 状态	绿色	灯亮：link 状态；灯灭：链接断开

续表

序号	定义	指示灯含义	指示灯颜色	指示灯说明
10	FE1/A	第一路 FE 端口的 ACT 状态	橙色	快闪：有数据传输； 无闪烁：无数据传输
11	FE2/L	第二路 FE 端口的 link 状态	绿色	灯亮：link 状态； 灯灭：链接断开
12	FE2/A	第二路 FE 端口的 ACT 状态	橙色	快闪：有数据传输； 无闪烁：无数据传输
13	WAN	终端与用采主站链接情况	绿色	常亮：链接成功； 快闪：链接中； 灭：与主站断开
14	CTRL	终端与配用电自动化主站物联网平台模块链接情况	绿色	常亮：链接成功； 快闪：链接中； 灭：链接断开

（2）远程双 4G 通信模块指示灯如图 A.5-2 所示。各指示灯具体定义及含义见表 A.5-2。

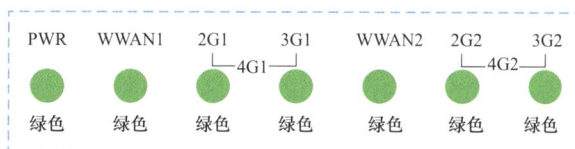

图 A.5-2　远程双 4G 通信模块指示灯

表 A.5-2　　　　　　　远程双 4G 通信模块指示灯具体定义及含义

序号	定义	指示灯含义	指示灯颜色	指示灯说明
1	PWR	电源灯状态	绿色	常亮：系统供电正常； 常灭：系统无供电
2	WAN1	模块通信状态指示	绿色	常亮：4G 模块处于连接/激活状态；快闪：4G 模块有数据传输；常灭：4G 模块处于未连接/未激活状态
3	2G1	4G1 模块工作状态指示	绿色	2G1 指示灯常亮：工作在 2G 模式；3G1 指示灯常亮：工作在 3G 模式；2G1 和 3G1 常亮：工作在 4G 模式；2G1 和 3G1 常灭：工作异常或未注册
4	3G1		绿色	
5	WAN2	模块通信状态指示	绿色	常亮：4G 模块处于连接/激活状态；快闪：4G 模块有数据传输；常灭：4G 模块处于未连接/未激活状态
6	2G2	4G2 模块工作状态指示	绿色	2G2 指示灯常亮：工作在 2G 模式；3G2 指示灯常亮：工作在 3G 模式；2G2 和 3G2 常亮：工作在 4G 模式；2G2 和 3G2 常灭：工作异常或未注册
7	3G2		绿色	

（3）本地通信模块指示灯如图 A.5-3 所示。各指示灯具体定义及含义见表 A.5-3。

图 A.5-3　本地通信模块指示灯

表 A. 5-3　　　　　　　　　　本地通信模块指示灯具体定义及含义

序号	定义	指示灯含义	指示灯颜色	指示灯说明
1	PWR	电源状态指示灯	红色	灯亮：模块上电； 灯灭：模块失电
2	T/R	模块通信状态指示灯	红绿双色	红灯快闪：模块接收数据；绿灯快闪：模块发送数据
3	A	A 相发送状态指示灯	绿色	灯亮：模块通过该相发送数据
4	B	B 相发送状态指示灯	绿色	灯亮：模块通过该相发送数据
5	C	C 相发送状态指示灯	绿色	灯亮：模块通过该相发送数据

A.5.2　日常运维主要工作

台区智能融合终端需进行的运维工作有：①各类型原因造成的设备离线、通信故障等情况的处理；②终端设备的检查，包括供电电源、指示灯是否正常等内容；③已损坏终端设备、配件等的更换；④与终端设备有关的二次回路及设备出现故障的排查工作；⑤遥信、遥测、遥控失败等错路信号的诊断、分析工作；⑥终端设备存储数据的提取。

A.5.3　运维巡视周期

台区智能融合终端巡视周期应按照配电自动化相关运行管理规定，结合一次设备巡视情况来开展，一般来说其巡视周期可与一次设备的巡视周期相同；同时其巡视周期应结合设备运行环境（包括污秽、温/湿度条件等）、设备质量、设备投运时间、有无家族缺陷等因素综合考虑。当接到或发现异常情况的报告时，应立即安排特殊巡视。

A.5.4　运维巡视内容

巡视时应持图巡视，对照单线图及系统图核对现场智能融合终端位置，是否图、实、台账一致。设备外观检查，检查设备表面是否清洁、有无裂纹和缺损情况。二次接线及天线检查，检查终端与一次设备连接的二次接线是否出现接线松脱或接线错误、插头是否松动、损坏等情况。终端电源检查，检查交流输入是否正常。终端通信检查，检查终端与主站间是否能够进行正常的数据收、发，截取的主站报文是否正常等。实时数据检查，检查终端实时遥测数据是否正常，遥信位置是否正确，向主站确认有无遥测、遥信信息等异常情况。终端运行工况检查，检查终端各种指示灯反应的终端运行状态是否正常。

A.5.5　运维注意事项

（1）注意防止触电。在巡视过程中严格执行安规相关规定，注意与其他带电设备，尤其是裸露带电部位保持足够的安全距离。

（2）注意防止电流回路开路。在检查二次接线是否连接牢固时不能用力拉扯，防止电流回路开路造成人员触电、设备损坏。

（3）防止电压回路短路。在检查二次接线时防止电压回路短路造成人员触电、设备损坏。

A.6 常 见 问 题 处 理

A.6.1 应用 App 失效

配网管理信息系统【配变总览】模块无断路器、户表、电容器等数据，可能原因为 App 大包升级过程中其他 App 被删除，可在 Xshell 输入【docker ps-a】查看应用 App 是否安装，如对应 App 容器不存在，则需重新安装应用 App。

A.6.2 终端离线

（1）根据 4G 模块指示灯的情况判断通信是否正常。

1）4G 模块电源灯不亮，重新插拔模块，检测模块是否接触不好，若一直不亮则是模块问题。

2）重新插拔模块及在终端内输入命令【lsusb】，查看模块硬件接口是否可以识别，若一直未识别则是模块问题，识别成功报文如图 A.6-1 所示。

```
root@SCT230A:~# lsusb
Bus 004 Device 010: ID 04e2:1422 Exar Corp.
Bus 004 Device 001: ID 1d6b:0001 Linux Foundation 1.1 root hub
Bus 002 Device 001: ID 1d6b:0002 Linux Foundation 2.0 root hub
Bus 003 Device 001: ID 1d6b:0001 Linux Foundation 1.1 root hub
Bus 001 Device 058: ID 3763:3c93
Bus 001 Device 048: ID 3763:3c93
Bus 001 Device 046: ID 05e3:0610 Genesys Logic, Inc. 4-port hub
Bus 001 Device 002: ID 05e3:0610 Genesys Logic, Inc. 4-port hub
Bus 001 Device 001: ID 1d6b:0002 Linux Foundation 2.0 root hub
root@SCT230A:~#
```

图 A.6-1 模块识别成功报文

3）在终端内输入命令【ifconfig】，如果显示 ppp-0 或 ppp-1 端口信息，则 4G 卡没问题，反之重新插卡，检测 4G 卡是否插好。

4）输入命令【wwan apn show dev all】检查 APN 是否配置正确。

5）上述问题都不存在的情况下，ping 主站 IP，若 ping 不通，联系运营商，查询 SIM 卡是否有问题。

注：4G 模块相关指令可通过【wwan-h】查询，在终端内能 ping 通主站 IP，则表示 4G 模块通信无问题。

（2）检查 iot 对上转发是否正常。

1）输入【container status c_iot】查看 c_iot 容器内的 App 是否是启动状态，状态为 stopped，则重启 c_iot 容器，如图 A.6-2 所示。

```
sysadm@SCT230A:~$ container status c_iot
container: It will take some time to get status, please wait a moment.
container name: c_iot
container version: 1.56
container status: stopped
container ip: 0
container cpu: 4 cores
container cpu-usage: 0 %
container max mem: 1024M
container mem-usage: 0 %
container disk-size: 1024M
container disk-usage: 0 %
```

图 A.6-2　App 启动状态查询

输入【container restart c_iot】，重启 c_iot 容器，出现 container c_iot success 表示重启成功，如图 A.6-3 所示。

```
sysadm@SCT230A:~$ container restart c_iot
container:restart container c_iot success
```

图 A.6-3　c_iot 容器重启成功报文

2）c_iot 容器内 App 运行状态正常，输入【cd /data/app/SCMQTTIot/logFile】进入 iotApp 日志目录，输入【tail-f MQTTIot.log】查看 App 日志文件，分析 iot 对上转发是否正常，异常状态可重启 c_iot 容器看是否能恢复。

3）不能恢复，可将日志文件信息以及数据中心与 iotApp 之间的交互报文导出发给研发人员进行分析定位。

A.6.3　终端在线无数据

故障现象：配网管理信息系统显示设备在线，但数据量无法上传。

故障原因：①交采容器未运行；②iot 容器下转发程序 SCMQTTTrData 配置文件未配置。

处理方法：输入【container restart c_base】启动交采容器，如图 A.6-4 所示。

```
sysadm@SCT230A:~$ container restart c_base
container:restart container c_base success
```

图 A.6-4　交采容器启动

输入命令【sudo cp TrData.json /data/app/SCMQTTTrData/configFile/】将正确的配置文件 TrData.json 存放至该 App 目录，如图 A.6-5 所示。

```
sysadm@SCT230A:/data/app/SCMQTTTrData/configFile$ ls
TrData.json
```

图 A.6-5　配置文件存放

A.6.4 终端与主站通信异常

（1）故障现象：终端无线网络不能连接，不能与主站进行通信。

故障原因：天线安装松动、SIM 卡接触故障。

处理方法：重新安装 SIM 卡和天线。

（2）故障现象：信号强度不稳定，主站通信时断时续。

故障原因：当地网络信号差，信号被屏蔽。

处理方法：更换外置天线，移动天线位置；加装信号放大器。

处理方法：更换 SIM 卡、终端，覆盖无线信号。

（3）故障现象：网络指示、信号强度指示均正常，无法与主站通信。

故障原因：SIM 卡未开通业务、被停机，终端地址与主站档案不符。

处理方法：开通卡业务，修改主站档案。

（4）故障现象：4G 模块无法连通主站。

故障原因：①终端 IP、端口号等设置错误；②天线未接或天线接触不良；③SIM 卡安装不合适或 SIM 未开通、IP 绑定错误；④信号未覆盖到或信号较弱，卡无法上线；⑤4G 模块内部组件（芯片）损坏；⑥SIM 卡和模块卡槽绑定，更换 SIM 卡会被锁死；⑦SIM 卡可正常获取 IP 地址，但是无法 ping 通主站 IP，无法上线。

处理方法：①跟运营商确认 SIM 卡是否正常，并检查 SIM 卡是否已安装、接触良好；②检查 IP、端口号设置是否正确，若错误，及时更改正确；③检查天线是否安装并接触良好；④将终端移至信号好的区域、增加长天线、通过运营商增强信号等；⑤查看内部组件（芯片）是否正常运行，若组件已损坏，及时联系厂家运维人员进行处理或返厂检修；⑥联系运营商解绑 SIM 卡，重新进行测试；⑦在模块配置 ip-up 文件，固定路由。

（5）故障现象：北斗测试时信号较弱，测试不通过。

故障原因：信号问题，北斗信号较弱。

处理方法：重新插拔 4G 模块，紧固北斗天线，并手动进行读取，多次进行尝试。

A.6.5 常见硬件故障

（1）故障现象：加电后所有指示灯都不亮。

故障原因：①电源连接错误；②供电不正常。

处理方法：①检测电源线连接是否良好；②用万用表测量接入电压是否正常。

（2）故障现象：RS-232、RS-485 接口功能异常。

故障原因：线路接线不正确。

处理方法：检查通信线路，更正错误接线。

（3）故障现象：上传电流/电压值异常。

故障原因：①二次回路接线不正确；②交流采样板故障；③交流采样板与主控板排

线接触不好，SPI 通信异常。

处理方法：①检查二次回路接线，更正错误接线；②更换交流采样板；③重新固定排线或更换排线。

（4）故障现象：4G 模块亮灯异常。

故障原因：4G 模块插针损坏，模块针脚弯折。

处理方法：纠正针脚，如针脚折断，返厂维修。

（5）故障现象：终端插入 4G 模块无法启动，启动后插入无问题，重启后又无法启动。

故障原因：为主控板硬件问题，具体为主控板 MOS 管硬件问题。

处理方法：需要返厂维修或现场维修。

（6）故障现象：电压数据缺相。

故障原因：装置接线错误，电压线保险接触不牢或断开。

处理方法：查看终端内部或外部接线，重新安装保险或检查调整接线。

（7）故障现象：缺少部分电压、电流数据。

故障原因：重载连接器损坏，重载连接器插针凹陷。

处理方法：更换重载连接器。

（8）故障现象：无停电、上电信息上报。

故障原因：终端断电后会立马没电，超级电容无法储能。

处理方法：超级电容故障，返厂维修。

（9）故障现象：终端升级 bin 包时报 MCU 错误。

故障原因：终端底板 SPI（终端左上角排线）接口故障。

处理方法：重新固定排线或更换排线。

（10）故障现象：外接设备连接终端时无法连接。

故障原因：端口波特率和外接设备波特率不一致。

处理方法：将外接设备和终端端口波特率设置一致。

（11）故障现象：RS-485 的 3 端口和 4 端口无法正常通信。

故障原因：①因 RS-485 的 3 和 4 端口和 RS-232 共用端口，出厂时未切换到 RS-485 状态；②波特率与端设备不一致。

处理方法：①查看融合终端状态灯，SW1、SW2 指示灯，灯亮表示工作在 RS-485 模式，灯灭表示工作在 RS-232 模式。出厂默认开启 RS-485 端口，现场通过融合终端铭牌下方按钮可进行状态切换；②需要和终端设备厂家沟通，确保台区智能融合终端内对应 App 与终端设备波特率一致。

附录 B
馈线终端调试接入标准化作业手册

B.1 调 试 流 程

本内容为配电自动化馈线终端（简称馈线终端）在停电安装施工前及在仓库调试验收阶段的工作流程及细则。此作业阶段，定义为 FTU 的预调试作业及验收作业。

B.1.1 维护软件调试使用步骤

以某厂家设备维护软件为例进行说明。软件免安装，只需要将厂家发来的软件压缩包进行解压，直接打开应用程序即可。

（1）解压软件压缩包如图 B.1-1 所示。

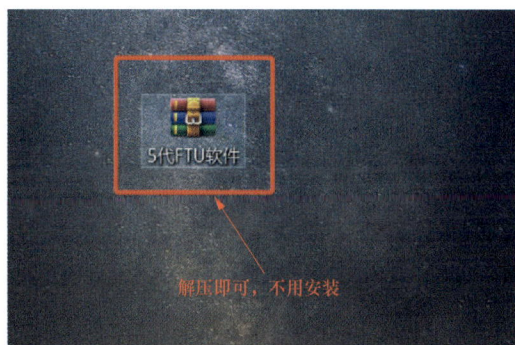

图 B.1-1 解压软件压缩包

（2）打开应用程序（考虑到兼容性，建议使用管理员打开），如图 B.1-2 所示。

（3）选择系统用户—输入密码—勾选记住密码—点击登录，即可进入软件界面，点击 OPEN 图标，如图 B.1-3 所示。

（4）在弹出的对话框里，设置好串口参数或网口参数后，点击连接，步骤如下：

1）点击串口连接；

2）找到串口号；

📁 log	2020-03-11 16:23	文件夹	
📁 Res	2020-03-11 16:23	文件夹	
📁 sound	2020-03-11 16:23	文件夹	
ComAssistant	2016-03-19 10:34	应用程序	490 KB
Comtrade99	2016-12-05 9:25	CFG 文件	1 KB
config	2021-10-15 16:44	配置设置	1 KB
DTU_SET	2016-03-19 10:34	应用程序	907 KB
faq	2017-01-16 11:05	QQBrowser HTML...	83 KB
GoPower.dll	2017-02-13 9:08	应用程序扩展	120 KB
help	2017-01-16 10:34	QQBrowser HTML...	175 KB
KBW_FTUVF (密码: BwZn1234; 出厂IP: 192.168.1.99)	2020-04-25 10:59	应用程序	15,393 KB
KBWFTUF.s5db	2021-10-15 16:45	S5DB 文件	960 KB
PMath	2016-11-22 22:30	应用程序	526 KB
readme	2017-01-07 13:44	文本文档	0 KB
UAC.manifest	2018-01-06 9:07	MANIFEST 文件	1 KB
update_c	2017-01-06 9:48	应用程序	811 KB
updateF	2017-01-06 9:29	配置设置	1 KB
安装必读	2017-01-05 17:00	文本文档	1 KB
注册组件	2017-01-08 1:24	Windows 批处理文件	1 KB

软件密码及出厂IP，详见括号内的备注。

图 B.1-2 打开应用程序

(a)　(b)

图 B.1-3 软件登录界面
(a) 界面1；(b) 界面2

3）设置波特率（出厂默认为9600）；

4）设置串口属性（出厂默认为8、None、1）；

5）点击连接，如图 B.1-4 所示。

(a)　(b)

图 B.1-4 网络设置界面
(a) 界面1；(b) 界面2

（5）步骤（4）设置完成后，即可来到软件界面，可按照图 B.1-5 引导，根据需求设置相关的参数。

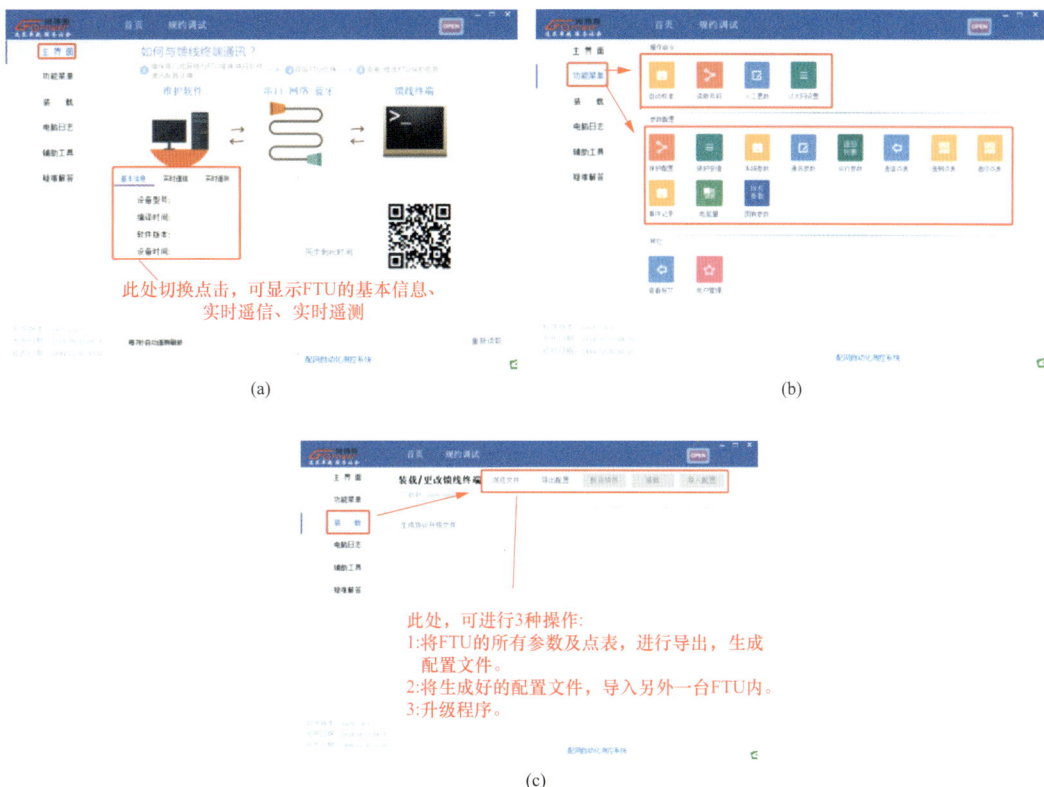

(a)

(b)

(c)

图 B.1-5　终端参数设置

（a）步骤 1；（2）步骤 2；（3）步骤 3

B.1.2　馈线终端调试接入准备工作

项目工程负责人确定工程类型，确定配电自动化终端的安装位置。安排施工单位领用物资柱上开关、SIM 卡及配电终端证书管理 Ukey（Ukey 分为一区和四区，需提前确认）。由负责人准备配电自动化终端测试证书，发送至配电自动化主站或负责配网作业的专责人员处，将其转发到中国电力科学研究院有限公司签名认证（测试证书用测试 Ukey 在设备上导出，目前大部分厂家在设备出厂前就已经导出，联系厂家售后人员获取即可）。

负责人准备线路图模，根据馈线终端安装位置信息反馈至图模负责人，将终端所属线路图模推送至配电主站。

负责人或者施工单位提前统计馈线终端各类信息，包括终端名称、线路名称及安装位置、馈线终端信息加密、SIM 卡信息等，将台账信息与证书反馈至配电主站，完成档案建立及通道建立，确定联调时间并安排调试人员配合。

B.1.3 馈线终端测试工器具

（1）需项目单位或施工单位准备的工器具见表 B.1-1。

表 B.1-1 项目单位调试工器具清单

序号	工具名称	数量	备注
1	电拖板	1	50m
2	电源线	1	多股双芯 2.5mm² 软线，长度 3m
3	发电机	1	现场无工作电源，需准备
4	继保仪	1	精度：≥0.2S 级

（2）设备单位自备工具见表 B.1-2。

表 B.1-2 设备单位自备工具清单

序号	工具名称	数量	备注
1	手提电脑	1	
2	数据线	1	USB 转 RS-232 线，DB9 母头转 3P 线，RJ45 转 DB9 母头线
3	网线	1	如笔记本电脑无网口需提前准备 USB 转网口
4	钳形电流表	1	可测量小数点后两位
5	测试工装（包含 6 芯电压、6 芯电流、14 芯控制航插）	1	

B.1.4 终端外观检查

（1）试验目的及作业流程。外观检查是指在馈线终端没有进行实验前对其进行整体外观查看，检查馈线终端由于外力等其他因素造成的外部损坏，并反馈给厂家解决，避免对馈线终端进行功能及性能测试时造成设备永久性破坏和人员伤害等。

（2）试验方法与步骤。终端外观试验方法与步骤见表 B.1-3。

表 B.1-3 终端外观试验方法与步骤

序号	检验项目	检验内容及检验方法	不合格品处理
1	馈线终端本体	检验项目：①机箱完整检查；②机箱紧固性检查。 检验方法：①设备外立面是否有损坏、破坏、结构变形、掉漆等；②设备内部是否有部件破损、松脱、掉落等；③检查箱体各接地点连接是否可靠	联系供方返厂更换或维修
2	航插电缆	检验项目：①航插检查；②电缆检查。 检验方法：①检查航空插头，不应有开裂损坏痕迹；②检查二次电缆，不应有表面严重磨损破皮等现象	联系供方返厂更换

B.1.5 馈线终端调试项目

（1）电源功能测试项目见表 B.1-4。

表 B.1-4　　　　　　　　　　　　电源功能测试项目

序号	检验项目	检验内容及方法	注意事项	不合格处理办法
1	交流上电测试	检验内容：交流上电测试。 检验方法：①用万用表检查终端二次端子、工作电源是否存在相间或对地短路；②用电源线连接 AC220V 工作电源到测试工装端子排上，工作电源端子（按 6 芯电压航插定为 1 接 L 3 接 N）；③合上终端交流电源空气开关，蓄电池空气开关或直流空气开关，等待设备开机	（1）用万用表连接终端二次端子排，检查接入的工作电源是否 AC 220V，注意：如果电源是从发电机接入，需查看工作电源（电压）是否有大范围波动。 （2）观察终端"电源"指示灯、"运行"指示灯是否显示正常；液晶屏幕显示是否正常、面板按键是否正常	通知厂家维修或返厂
2	电池充电测试	检验内容：电池上电测试。 检验方法：①在终端正常工作状态下合上终端交流电源空气开关，合上终端后备电源空气开关；②用万用表检查电池输入的工作电压，通过装置液晶遥测界面检查电池输出的工作电压	观察终端"电源"指示灯、"运行"指示灯是否长亮状态；液晶屏幕显示是否正常、面板按键是否正常	通知厂家维修或返厂
3	电源无缝切换测试	检验内容：交流失电，电池无缝切换供电测试。 检验方法：①在终端正常工作状态下（已合上"交流电源空气开关和后备电源空气开关，分开交流电源空气开关，观察终端是否正常运行（"电源"指示灯灭，"运行"指示灯亮）；此时终端状态由交流供电自动无缝切换到电池供电。②合上交流电源空气开关，观察终端是否正常运行（"电源"指示灯亮，"运行"指示灯亮），此时终端状态由电池供电自动无缝切换到交流供电	（1）用万能表连接终端二次端子排，检查接入的工作电源是否 AC 220V，注意：如果电源是从发电机接入，需查看工作电源（电压）是否大范围波动。 （2）观察终端"电源"指示灯、"运行"指示灯是否长亮状态，液晶屏幕显示是否正常、面板按键是否正常	通知厂家维修或返厂
4	电池独立供电测试	检验内容：电池独立供电测试。 检验方法：①终端无任何外部工作电源接入；②用万用表检查电池工作电压；③合上后备电源空气开关；④按下"启动"按钮（部分厂家直接合上后备电源空气开关即可）	观察终端能否正常启动，"运行"指示灯是否常亮，液晶屏幕显示是否正常、面板按键是否正常	通知厂家维修或返厂

（2）通信调试检测项目见表 B.1-5。

表 B.1-5   通 信 调 试 检 测 项 目

序号	检验项目	检验内容及方法	注意事项	不合格处理办法
1	通信参数设置（无线）	检验内容：通信参数设置（无线）。 检测方法：①安装 SIM 卡；②合上交流电源空气开关，确保设备正常供电；③用串口线连接终端通信口；④打开厂家提供的通信模块维护软件，选择 COM 口、串口波特率，打开链接；⑤找到参数设置——移动网络参数，填写所属接入点名称，APN: xxxxxxxx.xx；⑥找到参数设置—通道参数—选择通道连接方式，选择 TCP 客户端/服务端（终端为客户端时需填入服务端 IP＋端口号，为服务端时填入本地端口号）	（1）按主站提供的通信参数设置。 （2）通信参数与主站现有档案（IP、ID）不能重复。 （3）确认通信参数设置是否正确	先按常见故障检测，不能排除再联系厂家维护或返厂
2	与主站通信调试测试	检验内容：与主站通信测试。 检测方法：①通信模块维护软件成功连接模块以后，查看拨号状态（能读取到 IP 则拨号成功）；②通过通信模块维护软件—日志功能查看通道是否成功连接，与主站是否有报文交互；③测试远方就地功能开关，和主站确认是否可以正常收到	（1）与主站是否有报文收发。 （2）主站下发对时报文，终端是否有收发，终端时间是否与主站一致	（1）检查 SIM 卡是否正常，是否正确安装。 （2）检查本地 GPRS 信号。 （3）检查终端天线连接。 （4）检查通信模是否正常。 （5）不能排除再联系厂家维护或返厂

（3）SOE 分辨率测试项目见表 B.1-6。

表 B.1-6   SOE 分 辨 率 测 试 项 目

检验项目	检验内容及方法	注意事项	不合格处理办法
SOE 分辨率测试	检验内容：SOE 分辨率测试。 检测方法：①终端上电，用电脑连接；②将继保仪的两组开出节点一端并联起来接到装置的 24V 公共端，另一端分别接到装置的分闸触点和储能触点；③控制继保仪的开出，使其开出 1 在时刻 1000ms 合，开出 2 在时刻 1001ms 合，开出 1 在时刻 2000ms 分，开出 2 在时刻 2001ms 分；④读取终端的 SOE 上报时刻是否一致	用调试软件查看相应遥信记录，是否相差设定的毫秒数（注意个别继保仪可能输出速度达不到下表要求，可设大一点，比如设 2ms 看返回的 SOE 是否为 2ms，然后记录相差值）	先按常见故障检测，不能排除再联系厂家维护或返厂

（4）遥信功能测试项目见表 B.1-7。

表 B.1-7   遥 信 功 能 测 试 项 目

序号	检验项目	检验内容及方法	注意事项	不合格处理办法
1	终端与主站联调，开关合位遥信测试	检验内容：终端与主站联调，开关合位遥信测试。 检测方法：①用控制电缆将终端与开关本体连接；②将开关手动置于合位；③观察本地遥信合位指示灯是否长亮；④与主站核对，遥信上传点位是否正确，遥信量显示是否与现场一致	终端指示灯、电脑维护软件与自动化主站，应三方一致	（1）检查接线。 （2）重新测试。 （3）不能排除再联系厂家维护或返厂

续表

序号	检验项目	检验内容及方法	注意事项	不合格处理办法
2	终端与主站联调，开关分位遥信测试	检验内容：终端与主站联调，开关分位遥信测试。 检测方法：①用控制电缆将终端与开关本体连接；②将开关手动分闸至分位；③观察本地遥信"分位"指示灯是否长亮；④与主站核对，遥信上传点位是否正确，遥信量显示是否与现场一致	终端指示灯、电脑维护软件与自动化主站，应三方一致	（1）检查接线。 （2）重新测试。 （3）不能排除再联系厂家维护或返厂
3	终端与主站联调，已储能遥信测试	检验内容：终端与主站联调，已储能遥信测试。 检测方法：①用控制电缆将终端与开关本体连接；②开关位置在分闸，FTU就地位置，按面板合闸按钮，开关由分位到合位，已储能灯灭，此时储能机构正在储能，未储能状态持续时间一般小于10s；③观察本地遥信已储能指示灯是否长亮。④与主站核对，遥信上传点位是否正确，遥信量显示是否与现场一致	终端指示灯、电脑维护软件与自动化主站，应三方一致	（1）检查接线。 （2）重新测试。 （3）不能排除再联系厂家维护或返厂
4	终端与主站联调，交流失电遥信测试	检验内容：终端与主站联调，交流失电遥信测试。 检测方法：①在正常工作状态下（交流电源空气开关合上，直流空气开关合上），分开交流电源空气开关；②观察终端"电源"指示灯由亮至灭；③与主站核对，遥信上传点位是否正确，遥信量显示是否与现场一致	终端指示灯、电脑维护软件与自动化主站，应三方一致	（1）检查接线。 （2）重新测试。 （3）不能排除再联系厂家维护或返厂
5	终端与主站联调，远方/本地遥信测试	检验内容：终端与主站联调，远方/本地遥信测试。 检测方法：①正常工作状态下（交流电源空气开关合上，直流空气开关合上），手动转换远方/本地开关；②观察电脑显示终端状态是否正确；③与主站核对，遥信上传点位是否正确，遥信量显示是否与现场一致	终端指示灯、电脑维护软件与自动化主站，应三方一致。	（1）检查接线。 （2）重新测试。 （3）不能排除再联系厂家维护或返厂

（5）遥测功能测试项目见表 B.1-8。

表 B.1-8　　　　　　遥测功能测试项目

检验项目	检验内容及方法	注意事项	不合格处理办法
U_{AB}、U_{BC}、U_0、I_A、I_B、I_C、I_O	检验内容：终端遥测功能。 检验方法：①将继保仪电压电流输出接到测试工装电压电流端子排上，6芯电压航插，继保仪输出 U_A 接4、U_C 接5、U_B 接6；6芯电流航插，继保仪输出 I_A 接1、I_B 接2、I_C 接3、N 接4。②继保仪设置输出电压 $U_A=57.73V$、$U_B=57.73V$、$U_C=57.73V$，电流 $I_A=1A$、$I_B=1A$、$I_C=1A$，电压电流的相角差为30°。③观察测量值一般为 $U_{AB}=100V$、$U_{BC}=100V$、$I_A=1A$、$I_B=1A$、$I_C=1A$。④零序电压电流测试方法同上	（1）终端指示灯、电脑维护软件与自动化主站，应三方一致。 （2）主站一般显示为一次值9.9kV、120A（TA变比为600/s时）。 （3）注意遥测误差值不超过0.5%	（1）检查接线。 （2）重新测试。 （3）不能排除再联系厂家维护或返厂

B.1.6 成套调试项目

（1）定值设定表。

1）在终端上设置保护定值，常见内容及范围见表 B.1-9，具体视各单位实际情况确定。

表 B.1-9 终端保护定值设置

定值所属大类	定值名称	整定范围	说明
功能模式	工作模式	分界/分段	FTU 模式选择： 分界：过电流保护，零序保护起效。 分段：来电合闸/失压分闸保护起效
过电流一段	告警投退	投入	遥信，告警发信投退
	出口投退	投入	保护出口投退
	一段定值	8A	过电流阈值
	一段延时	0.1s	过电流动作延时
过电流二段	告警投退	投入	遥信，告警发信投退
	出口投退	投入	保护出口投退
	二段定值	3.0A	过电流阈值
	二段延时	0.3s	过电流动作延时
重合闸	重合投退	投入	重合闸功能投退
	重合次数	2 次	重合闸次数
	一次间隔	5s	一次重合间隔
	二次间隔	20s	二次重合间隔
	三次间隔	1000～99999ms	三次重合间隔
	复归时间	75s	重合闸成功后的次数复归时间
重合闸闭锁	重合闭锁	投入	二次重合闸闭锁
零序一段	告警投退	投入	接地保护遥信告警投退
	出口投退	退出	接地保护出口投退
	一段定值	2A	接地保护定值
	一段延时	0.1s	接地保护出口延时
零序二段	告警投退	投入	接地保护遥信告警投退
	出口投退	退出	接地保护出口投退
	二段定值	1A	接地保护定值
	二段延时	0.5s	接地保护出口延时
来电合闸/ 失压分闸	X 时间	7s	来电合闸时间
	Y 时间	5s	合闸后确认时间
	Z 时间	0s	掉电分闸时间

2）继保仪应按以上定值表相应设置输出数值。

（2）成套联调测试内容见表 B.1-10。

表 B.1-10 终端成套联调测试内容

序号	检验项目	检验内容及方法	注意事项	不合格处理办法
1	过电流保护逻辑测试	检验内容：过电流保护逻辑测试。 检测方法：①用控制电缆将终端与开关本体连接；②用电脑连接终端，按相电流速断阈值：8A、0.1s，相电流过电流阈值：3A、0.5s，零序电流故障阈值：2A、0.1s 设置；③用继保仪连接终端二次端子；④终端上电，继保仪输出使得 $U_{AB}=100V$、$U_{CB}=100V$、$U_0=0V$，如开关不在合位用手动操作将开关打到合位；⑤速断测试：继保仪输出 3 相电流相间成 120°、电流 9A，设置继保仪等开关分闸触发停止输出；⑥终端分闸信号输出，开关分闸；⑦过电流测试：开关合位状态下设置继保输出 3.3A，时间输出 0.3s 停止，此过电流没有达到整定延时 0.5s 开关不分闸，继保仪输出 3.3A 时间输出 0.6s 停止，此时过流触发并达到整定延时 0.5s，终端分闸信号输出，开关分闸	（1）继保仪定值设置是否正确。 （2）终端保护定值设置是否正确。 （3）开关动作是否正确。 （4）主站遥信变位、SOE 事件是否正确	（1）检查继保仪定值设置。 （2）检查终端定值设置。 （3）检查试验接线。 （4）联系厂家解决
2	零序电流保护逻辑测试	检验内容：零序电流保护逻辑测试。 检测方法：①用控制电缆将终端与开关本体连接；②用电脑连接终端，零序电流故障阈值 2A、0.1s 设置；③用继保仪连接终端二次端子；④终端上电，继保仪输出使得 $U_{AB}=100V$、$U_{CB}=100V$、$U_0=0V$，如开关不在合位用手动操作将开关打到合位；⑤继保仪输出 A 相电流 3A（继保仪 I_A 连接馈线终端端子排 I_0）等开关分闸触发停止输出；⑥终端分闸信号输出，开关分闸	（1）继保仪定值设置是否正确。 （2）终端保护定值设置是否正确。 （3）开关动作是否正确。 （4）主站遥信变位、SOE 事件是否正确	（1）检查继保仪定值设置。 （2）检查终端定值设置。 （3）检查试验接线。 （4）联系厂家解决
3	得电延时合闸、失压分闸功能测试	检验内容：得电延时合闸功能测试。 检测方法：①用控制电缆将终端与开关本体连接；②用继保仪连接测试工装二次端子；③用电脑连接终端，设置保护定值：一侧有压延时合闸时间 X 时间=7s，合闸确认时间 Y 时间=5s，失压分闸时间 Z 时间=0s；④终端上电，继保仪输出使得 $U_{AB}=100V$、$U_{CB}=0V$、$U_0=0V$，如开关不在分位（在不带电压的情况下开关应处于分位）用手动操作将开关打到分位；⑤7s 后终端合闸信号输出，开关合闸；⑥20s 后继保仪达到设置输出时间停止输出；⑦终端检测到失压，分闸信号输出，开关分闸	（1）继保仪定值设置是否正确。 （2）终端保护定值设置是否正确。 （3）开关动作是否正确。 （4）主站遥信变位、SOE 事件是否正确	（1）检查继保仪定值设置。 （2）检查终端定值设置。 （3）检查试验接线。 （4）联系厂家解决

续表

序号	检验项目	检验内容及方法	注意事项	不合格处理办法
4	二次重合闸测试	检验内容：二次重合闸测试。 检测方法：①用控制电缆将终端与开关本体连接；②用继保仪连接终端二次端子；③用电脑连接终端，设置保护定值：相电流过电流阈值8A、0.1s，零序电流故障阈值2A、0.1s，重合闸投入2次合闸，重合闸闭锁开放时间3s，重合闸充电时间20s，一次重合闸时间5s，二次重合闸时间20s；④终端上电，继保仪输出使得$U_{AB}=100V$、$U_{CB}=100V$，$U_Z=0V$，$U_0=0V$，如开关不在合位用手动操作将开关打到合位；⑤继保仪输出3相电流相间互成120°、电流9A设置继保仪等开关分闸触发停止输出；⑥终端分闸信号输出，开关分闸；⑦5s后达到一次重合闸延时终端合闸信号输出，开关合闸；⑧合闸后等待时间大于3s，继保仪再次输出3相电流相间互成120°、电流9A，设置继保仪等开关分闸触发停止输出；⑨终端分闸信号输出，开关分闸；⑩20s后达到二次重合闸延时终端合闸信号输出，开关合闸	（1）继保仪定值设置是否正确。 （2）终端保护定值设置是否正确。 （3）开关动作是否正确。 （4）主站遥信变位、SOE事件是否正确	（1）检查继保仪定值设置。 （2）检查终端定值设置。 （3）检查试验接线。 （4）联系厂家解决
5	闭锁二次重合闸功能测试	检验内容：闭锁二次重合闸功能测试。 检测方法：①用控制电缆将终端与开关本体连接；②用继保仪连接终端二次端子；③用电脑连接终端，设置保护定值：相电流过电流阈值8A、0.1s，零序电流故障阈值2A、0.1s，重合闸投入2次合闸，重合闸闭锁开放时间3s，重合闸充电时间20s，一次重合闸时间5s，二次重合闸时间5s；④终端上电，继保仪输出使得$U_{AB}=100V$、$U_{CB}=100V$，$U_0=0V$，如开关不在合位用手动操作将开关打到合位；⑤继保仪输出3相电流相间互成120°、电流9A，设置继保仪等开关分闸触发停止输出；⑥终端分闸信号输出，开关分闸（第一次故障跳闸）；⑦等待5s，终端合闸信号输出，开关合闸（第一次重合）；⑧继保仪再次输出3相电流相间互成120°、电流9A，设置继保仪等开关分闸触发停止输出（合于故障，合闸后3s内检测到故障）；⑨终端分闸信号输出，开关分闸，闭锁合闸（第二次故障跳闸）；⑩终端在闭锁时间内不应动作，不应合闸，开关应处于分闸状态（手动复归，或者合闸复归）	（1）继保仪定值设置是否正确。 （2）终端保护定值设置是否正确。 （3）开关动作是否正确。 （4）主站遥信变位、SOE事件是否正确	（1）检查继保仪定值设置。 （2）检查终端定值设置。 （3）检查试验接线。 （4）联系厂家解决
6	小电流接地功能测试	检验内容：小电流接地功能测试。 检测方法：①用控制电缆将终端与开关本体连接；②用继保仪连接终端二次端子；③用电脑连接终端，设置保护定值：小电流接地零压启动阈值1.5V、0.1s，小电流接地零流故障阈值0.1A；④继保仪输出零序电压2V、0°，零序电流1A、0°，设置继保仪输出保持20s时间；⑤等待20s开关无动作正常；⑥继保仪输出零序电压2V、180°，零序电流1A、0°，设置继保仪等开关分闸触发停止输出；⑦0.1s后终端输出分闸信号		

B. 2　日　常　运　维

B.2.1　日常运维主要工作

馈线终端需进行的运维工作有：①各类型原因造成的设备离线、通信故障等情况的处理；②终端设备的检查，包括供电电源、指示灯是否正常等内容；③已损坏终端设备、配件等的更换；④遥信、遥测、遥控失败等的诊断、分析工作。

B.2.2　运维巡视周期

馈线终端巡视周期应按照配电自动化相关运行管理规定，结合一次设备巡视情况开展，一般来说其巡视周期可与一次设备的巡视周期相同；同时其巡视周期应结合设备运行环境（包括污秽、温/湿度条件等）、设备质量、设备投运时间、有无家族缺陷等因素综合考虑。当接到或发现异常情况报告时，应立即安排特殊巡视。

B.2.3　运维巡视内容

（1）巡视时应持图巡视，对照单线图及系统图核对馈线终端位置，是否图、实、台账一致。

（2）设备外观检查，检查设备表面是否清洁、有无裂纹和缺损情况。

（3）二次接线及天线检查，检查终端与一次设备连接的二次接线是否出现接线松脱或接线错误、插头是否松动、损坏等情况。

（4）终端电源检查，检查交流输入是否正常。

（5）终端通信检查，检查终端与主站间是否能够进行正常的数据收、发，截取的主站报文是否正常等。

（6）实时数据检查，检查终端实时遥测数据是否正常，遥信位置是否正确，向主站确认有无遥测、遥信信息等异常情况。

（7）终端运行工况检查，检查终端各种指示灯反应的终端运行状态是否正常。

B.2.4　运维注意事项

（1）注意防止触电。在巡视过程中严格执行安规相关规定，注意与其他带电设备，尤其是裸露带电部位保持足够的安全距离。

（2）注意防止电流回路开路。在检查二次接线是否连接牢固时不能用力拉扯，防止电流回路开路造成人员触电、设备损坏。

（3）防止电压回路短路。在检查二次接线时，防止电压回路短路造成人员触电、设备损坏。

B.3 终 端 操 作 使 用 说 明

以某厂家为例，说明馈线终端操作及使用。

B.3.1 箱式终端界面描述

（1）装置采用中文菜单显示技术实现人机交互，菜单的组织结构如图 B.3-1 所示。

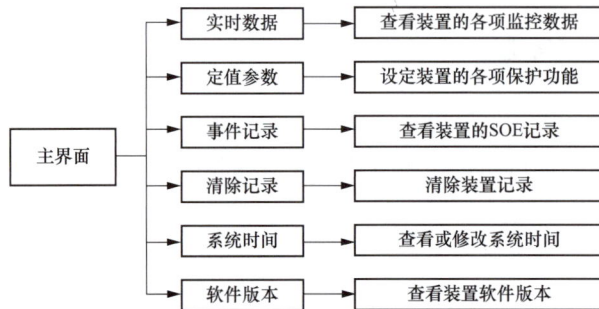

图 B.3-1 终端人机界面菜单组织结构

（2）装置主界面布局参考图 B.3-2。

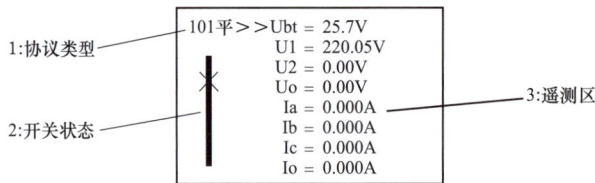

图 B.3-2 装置主界面布局

在系统稳定状态下，面板液晶实时显示的主界面如图 B.3-2 所示，说明如下。

1）协议类型：在主界面的左上角，指示当前使用的通信协议类型，当未启用通信功能时无任何指示。

2）开关状态：在主界面的左边，指示当前开关状态，采用动画模拟开关的分合状态，更加直观易懂。

3）遥测区：主界面的右半部分为遥测显示区，显示当前采集的遥测数据，遥测显示符号查询表见表 B.3-1。

表 B.3-1   遥测显示符号查询表

显示符号	代表遥测	显示符号	代表遥测	显示符号	代表遥测
Ia	A 相电流	F	频率		
Ib	B 相电流	U cap	电容电压		
Ic	C 相电流	Uo1	扩展电压 1		

显示符号	代表遥测	显示符号	代表遥测	显示符号	代表遥测
Io	零序电流	Uo2	扩展电压 2		
U_{bt}	后备电源	Ha	A 相谐波含量		
U1（U_{ab}）	PT1 电压	Hb	B 相谐波含量		
U2（U bc）	PT2 电压	Hc	C 相谐波含量		
P	有功功率	Hz	合闸计数		
Q	无功功率	Fz	分闸计数		
cosφ	功率因数	TMR	温度显示		

备注：其中的扩展电压 1 与 2 以客户接入的实际电压为准，可以是三相 TV、零序电压或者测量电压。

（3）摇头开关压板、通信维护接口说明。在装置面板上有三个摇头开关，功能定义也有所不同，摇头开关的配置方案见表 B.3-2。

表 B.3-2　　　　　　　　　　摇 头 开 关 配 置 方 案

序号	名称	备注
1	操作：就地/远方	
2	操作：就地 FA 投入/就地 FA 退出	
3	FA 模式：分段/联络	

（4）按键说明。终端面板按键布局如图 B.3-3 所示。

图 B.3-3　按键布局图

面板按键介绍：左右两侧为功能键，中间为数字键和方向键：

1）CLOSE：合闸键，按下该键，装置执行合闸动作。

2）OPEN：分闸键，按下该键，装置执行分闸动作。

3）START：启动键（激活备用电源），当 TV 无电时，且电池开关为投，按下该键大于 2s 左右，启动电池作为电源，可对装置进行操作。

4) RESET：复归键，就地复归 FTU 故障。

5) VIEW：查看键，按下该键，进入液晶显示屏的相关操作界面。

6) SET：设置键，当进行参数设置的时候，按此键保存设置参数。

7) ENT：输入键，选择确认键，选择与确认相应功能或操作。

8) ESC：退出键，用于取消当前操作，退出当前界面。

9) ➡：方向键，用于选择下一个。

10) ⬅：方向键，用于选择上一个

11) 其他键：均为数字键，按对应的数字键，即点阵液晶输入相对应的数字。

（5）操作说明。

1) 进入主菜单。系统空闲时，按"VIEW"进入主菜单。进入主菜单后，按"ESC"退出到稳定状态。

2) 菜单内容切换。进入主菜单后，按"ENT"选择内容，按"➡"或"⬅"进行切换内容，按"VIEW"进入相应菜单。按"ESC"退出到稳定状态。

3) 修改整定值。进入定值页面后按"ENT"确认定值项目，再按"ENT"确认修改定值，按数字键"0"～"9"输入定值参数，按"➡"或"⬅"切换数据位置然后按"SET"保存定值（按"ESC"放弃修改，不保存修改后的定值）。进入定值页面后，按"➡"或"⬅"切换定值页面。进入定值页面后，按"ESC"退出到主菜单。

4) 查看事件记录。查询记录序号越小事件发生的时间就越接近，如第 4 条事件发生的时间早于第 2 条事件的时间。查看记录过程中，按"➡"查看上一条事件，按"⬅"查看下一条事件。查看记录过程中，按"ESC"退出到主菜单。

5) 修改系统时间。修改系统时间与修改定值方式一样，此处不再说明。

6) 查看内容。在相应界面中，按"➡"或"⬅"切换不同内容，按"ESC"退出。

B.3.2 终端指示灯描述

运行状态指示灯，定义见表 B.3-3 所示。

表 B.3-3　　　　　　　　　　　　运行状态指示灯定义

类别	灯的颜色	运行状态及其含义	
电源	绿灯	绿灯亮：电源正常	灭：装置无电或故障
运行	绿灯	绿灯闪烁：运行正常	灭：装置异常
通信	绿灯	间隔闪烁：与主站通信正常	灭：设备离线
已储能	绿灯	绿灯亮：弹簧已储能	灭：弹簧未储能
计时	绿灯	绿灯亮：来电延时合闸	灭：装置无计时
检测	绿灯	绿灯亮：合闸确认 Y 时间	灭：装置无计时
活化	红灯	红灯亮：电池活化状态	灭：电池非活化状态
远方	红灯	红灯亮：装置在远方状态	灭：装置在就地状态

续表

类别	灯的颜色	运行状态及其含义	
合位	红灯	红灯亮：开关在合闸状态	灭：开关处于非合闸状态
分位	绿灯	绿灯亮：开关在分闸状态	灭：开关处于非分闸状态
接地故障	红灯	红灯亮：发生接地故障	灭：接地正常
相间故障	红灯	红灯亮：发生相间故障	灭：相间正常
闭锁	红灯	红灯亮：装置处于闭锁状态	灭：装置处于非闭锁状态
异常	红灯	红灯亮：例如分闸状态下采集到电流	灭：FTU 正常
TV	红灯	红灯亮：TV 供电正常	灭：TV 供电异常常
备用电源低	红灯	红灯亮：电池电压值小于电池欠压值	灭：电池电压值大于电池欠压值

B.3.3　远方/就地拨动开关

（1）切换至"远方"时，配电主站可以遥控分合闸，就地操作按钮不能操作分合闸。

（2）切换至"就地"时，配电主站不能遥控分合闸，就地操作按钮可以操作分合闸。

B. 4　馈线终端缺陷及故障处理

B.4.1　调试电脑类问题排查

（1）电脑串口与调试软件串口选择不一致。

1）现象描述：调试软件选择串口时不清楚如何选择，或连接串口打不开。

2）排查步骤：查看电脑【设备管理器】—【端口（COM 和 LPT）】对应串口标识，对照调试软件所选择的串口（如 COM2），如图 B. 4-1 所示。

图 B. 4-1　设备管理器端口选择

3）解决方法：电脑设备管理器的串口与调试软件选择同一串口（如都选择COM1）。

4）补充说明：电脑串口号可以进行修改，修改方式如图 B.4-2 所示。

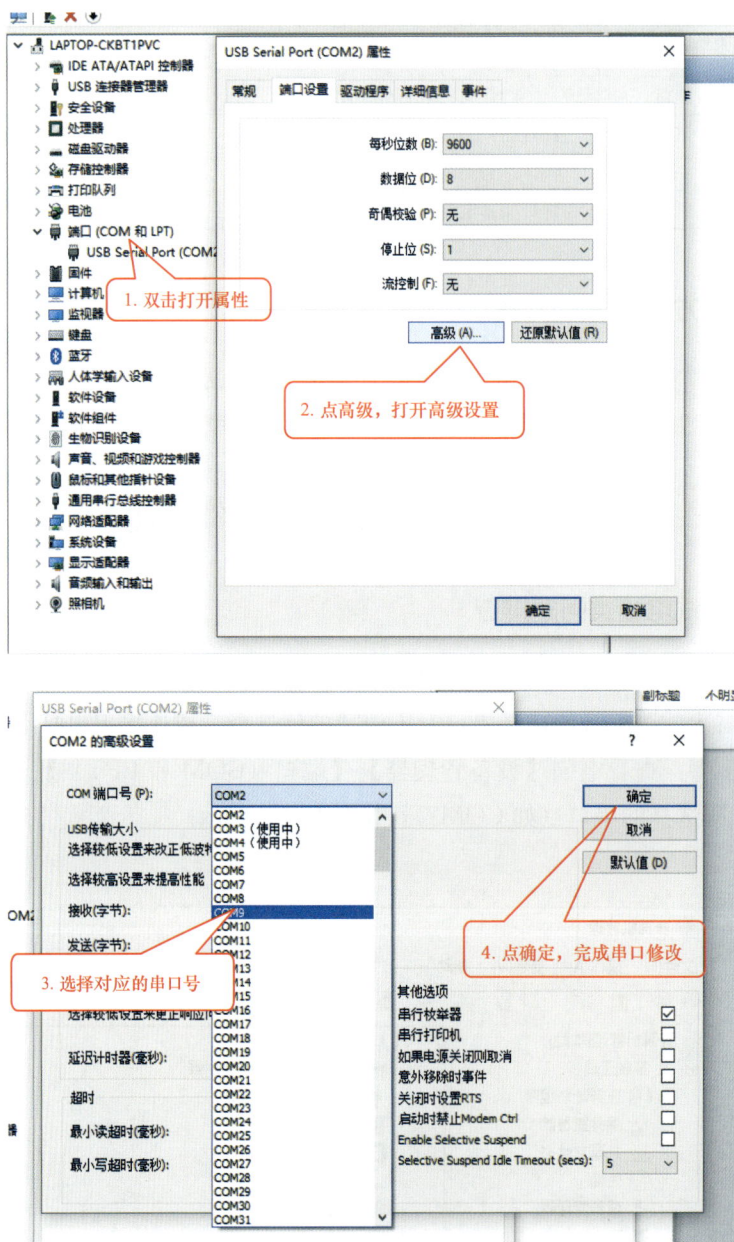

图 B.4-2 电脑串口号修改

（2）电脑网口与终端通信连接不上。

1）现象描述：电脑 PING 终端不通，网络连接不上。连接终端时，测试软件提示不能连接到远程服务器或者无反应。

2）排查步骤：

a. 检查网线，确保网线连通。

b. 检查网卡指示灯（有指示灯网卡），绿灯表示网线连接，黄灯闪表示有数据收发，无相关指示，则检查相应设备。

c. 检测电脑的 IP 地址是否与终端在同一个网段，不一致则需修改。电脑 IP 不能与终端 IP 相同，如图 B.4-3 所示。

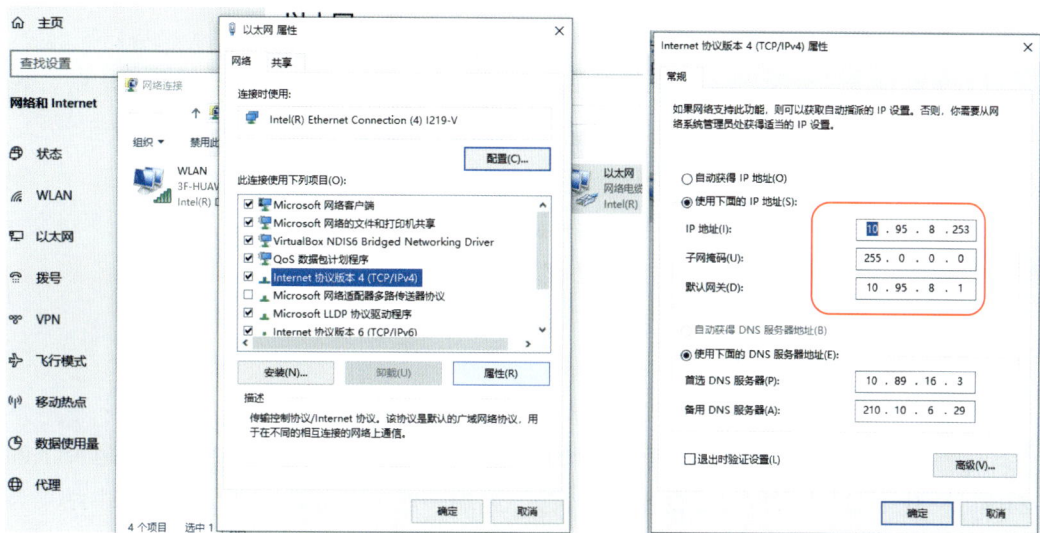

图 B.4-3　电脑 IP 地址检查设置

d. 检查终端 IP 参数设置是否正确。

e. 检查电脑防火墙设置是否屏蔽访问权限，如屏蔽则需关闭防火墙。

B.4.2　调试工具问题排查

（1）调试串口线接触不良。

1）现象描述：连接中断（时而有发送和接收，时而没有），主要是读取参数失败、总召回复报文不完整、升级失败等。

2）排查步骤：使用万用表检测调试线是否断线。

3）解决方法：重新更换新的调试线或者修复调试线。

（2）USB 转串口线连接电脑后无法识别。

1）现象描述：USB 转串口线连接电脑后，不提示安装驱动或无法识别端口号。

2）排查步骤：右键【我的电脑】，选择【管理】，选择【设备管理器】，检查【端口】或【其他设备】是否显示未知设备。

3）解决方法：安装驱动或者更换 USB 转串口线。

（3）网线连接电脑后无法识别。

1）现象描述：网线与设备和电脑连接后，桌面右下角不显示小电脑图标，且无法设置 IP。

2）排查步骤：网线与设备和电脑连接后检查电脑网口、设备侧网口水晶头指示灯是否亮起；检查电脑是否连接热网络点。

3）解决方法：重新插拔网线或更换网线。

B.4.3　调试软件问题排查

（1）FA1080 注册不了。

1）现象描述：WIN 7 及以上操作系统无法注册，注册操作无反应；注册失败；软件登录密码错误；软件注册后，登录界面依然显示未注册状态（只有普通用户）。

2）排查步骤：检查电脑兼容性设置及运行权限设置。

3）解决方法：选择以管理员身份运行此程序。

（2）调试软件网络连接不上（104 协议）。

1）现象描述：调试软件不能连接终端。

2）解决方法：

a. 确认电脑 IP 设置与终端 IP 在同一网段。

b. 检测软件协议 104 对应 IP 设置是否正确（终端网口的 IP），端口号是否正确（2404，一代 DTU 有时网口 2 设置为 2405）。终端一般为服务端，调试软件（主站）为客服端。

c. 终端链路地址与调试软件不一致（部分终端判此参数）。

d. 其他网络硬件故障或终端故障。

e. 部分报文能正确发送接收，则检查通信协议参数。

（3）FA1080 网络监视终端报文无法打开。

1）现象描述：网络连接正常，Telnet 设置正确，端口号设置正确，Telnet 连接不上。

2）解决方法：

a. 端口号未打开。网络 104 协议管理项目下打开端口：［维护端口］菜单下操作【关闭—关闭—打开—关闭—关闭】。

b. 网络 104 协议连接报文不成功，可能为终端加密，则先退加密，打开监视端口，再投加密。

B.4.4　终端常见问题排查

（1）无线模块通信正常，终端不在线。

1）现象描述：无线模块通信正常，终端和主站无法通信。

2）解决方法：

a. 监视无线模块日志，能接收到主站下发报文，未发现终端发送报文。检查无线模块与终端的波特率和奇偶效验位，排线是否损坏，更改波特率、奇偶效验位通信正常，更换排线，或检查终端程序问题。

b. 检查终端链路地址与主站是否匹配，检查终端通信协议参数是否与主站匹配；监视终端收发报文，如果有收且报文帧格式正确，无发，则进一步分析，是否有程序缺陷。

c. 无线模块接收不到主站报文或主站接收不到无线模块上传报文，则协调主站侧排查：①主站 ping 无线模块 IP；②主站检查路由设置是否拦截；③网络抓包，分析网络包，查看哪个环节数据不传输。

d. 主站双中心，与无线模块只能有一个中心通信，另一个备用（主备可以自动互换），不能同时与无线模块通信。如果两个中心同时向一个无线模块发送报文，经过无线模块接收后，通过同一个串口转发至终端，终端无法区分数据来自哪个中心，回复也不能确定发送给哪个中心，连接过程无法正常完成。

e. 101、104 规约固定帧发送接收正常，某个长报文异常（终端多次重发，主站有应答），检查终端是否接收到主站应答报文；接收到了还重发，则一般认为终端程序问题。

（2）主站显示无线通信模块频繁离线。

1）现象描述：无线通信模块频繁掉线或掉线后很长时间才能上线。

2）解决方法：

a. 检查无线通信模块硬件，有无接触不良等故障，排除硬件故障。

b. 检查模块信号强度。

c. 检查通信报文：查看主站报文，监视无线模块报文，确定断线原因：

（a）终端发送需要应答的长报文帧（含多次重发），主站不应答确认，则主站排查问题；

（b）终端发送需要应答的长报文帧（含多次重发），主站应答确认，但无线模块未接收到，则一般排查主站问题可解决；

（c）终端频繁出现不响应主站报文（报文格式正确），换模块问题依旧，则可能通信接口接触不良。

通过以上方式排查后确定无线模块至主站间出现通信不稳定、丢包，但找不到具体原因，则采用抓网络包方式，分析网络包，确定异常环节。

（3）分合位等遥信频繁变化。

1）现象描述：终端连接上开关后，上电发现终端分合位置频繁变化。

2）解决方法：

a. 终端所有外部接入硬遥信是否都在频繁变化，如是则一般为终端故障（遥信回路电源故障），若只有某一固定遥信频繁变化，则可能为终端采集此信号回路故障，或开关对应回路故障。

b. 断开终端与开关连接，检查此时终端分、合位是否频繁变化（检测时状态设置为合），如是则为终端故障；否则为开关或连接电缆故障。

c. 若是终端某一遥信频繁变化，检测端子排接线是否松动；如果多个遥信同时由合变为分再变为合，检测其遥信公共端。

d. 检查控制电缆是否进水，若进水则存在安全隐患，建议直接更换。

（4）终端不能遥控分合闸。

1）现象描述：开关能手动分合，但无法远程遥控。

2）解决方法：

a. 检查终端是否有远方就地开关，如有则看其是否在远方位置。

b. 检测终端是否有遥控软压板，如有则将软压板投入。

c. 检测遥控报文，下发的遥控报文信息体地址是否正确，地址从 6001 开始，确认下发地址与终端对应。

d. 检测遥控返回报文，进一步排查遥控失败原因。

（5）终端所有指示灯不亮。

1）现象描述：终端电源指示灯与运行指示灯等所有指示灯不亮，终端不运行。

2）排查步骤：先拔掉控制电缆，然后拔掉电源电缆，使用万用表检测 TV 二次输出电压是否正常。

3）解决方法：

a. 确认 TV 输出电源是否正常。如果 TV 无电压输出或者输出异常，需要申请更换 TV；如果 TV 电压正常，需要更换终端（一般为终端电源模块损坏）。

b. 终端指示灯全部不亮，但通信正常，读取遥信遥测正常，则应为指示灯面板公共电源故障，需要更换维修。

（6）终端遥测无 U_{cb}。

1）现象描述：U_{cb} 无遥测值。

2）解决方法：程序问题，需要升级。

（7）FA 功能不能正常动作。

1）来电不合闸：检查定值，定值核实完无误，查看 SOE 记录做分析。

2）失压不分闸：先查看遥信有没有失压告警信息，有失压告警信息没有分闸，说明跟分合闸回路硬件有关系，可以用模拟开关测试分合闸按钮能不能操作分合闸。

（8）小电流接地误跳闸或不跳闸。

1）误跳闸先查看开关安装方向（ZW32 开关是上进下出），如开关本体装反会导致界外故障开关跳闸，终端厂家外发程序文件里有标准小电流定值配置表，核对定值是否有差异，如没有参数设置、安装问题，需要将现场 SOE、录波文件、定值导出进行分析。

2）不跳闸也跟开关安装方向有关，核对定值电压、电流门槛值是否存在设置过大，如没有参数设置、安装问题，需要将现场 SOE、录波文件、定值导出进行分析。

（9）分合闸问题。

1）无分合闸现象，先打开设备内部，扭动分合闸手柄，确认继电器是否动作，如有测量分合闸绿色端子是否有电压输出，如没有继电器动作可以短接光耦进行测试。

2）分合闸一直输出；先看分合闸板件上指示灯是否亮，再排查分合闸端子是否一直有电压输出，如指示灯不亮，分闸或合闸端子一直有电压输出，证明分合闸光耦或继电器有问题。

附录 C

二遥架空远传外施信号型故障指示器现场调试手册

C.1　所　需　工　具

外施汇集单元串口线（USB 转 RS-232 线）、故障指示器搜索工装、笔记本电脑、汇集单元调试线（一端连接汇集单元主板，一端连接 RS-232）、其他常用工具（螺丝刀、斜口钳、万用表等）。

C.2　操　作　指　导

C.2.1　故障指示器参数修改

（1）打开二遥批量测试接口软件文件夹—二遥批量测试接口软件 V2.45-419.exe 或以上版本，界面如图 C.2-1 所示。

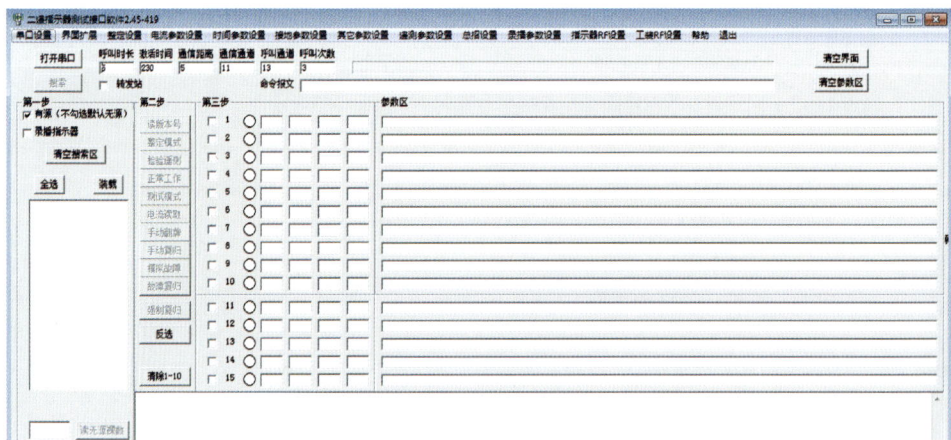

图 C.2-1　二遥批量测试接口软件界面

（2）插入搜索工装，点击"串口设置"，选择对应的串口（打开电脑设备管理，将

USB 转 RS-232 连接到电脑，查看端口），然后点击设置。

（3）勾选"有源（不勾选默认无源）"，打开串口，用磁铁激活指示器（磁铁停留在指示器上 1~2s，待故障指示器亮起即为激活成功），点击"搜索"，搜索成功后依次点击"全选""装载""读版本号"，确保每只通信正常，并记录版本号。

（4）现场安装前故障指示器参数设置。

1）现场运行故障指示器参数要求。现场即将安装的 123、124、125 版本故障指示器，需按照要求，统一将指示器的其他参数、接地参数、遥测参数三个运行版配置文件写入故障指示器，并读取确保成功（注意：要保证参数一致，因此要将三个配置文件写入，不单独修改）。另外，因一遥故障指示器和二遥故障指示器接地判据中的脉宽和时间间隔参数不一样，并且早期的不对称电流源和一遥故障指示器更改脉宽和时间间隔参数后不生效或者无法更改，因此现场运行的接地参数有两个文件，分别为"接地参数—旧脉宽运行 . txt"和"接地参数—新脉宽运行 . txt"。

a. "接地参数—旧脉宽运行 . txt"使用范围：同母线线路中只要有老版的不对称电流源或者一遥故障指示器存在，都要使用旧脉宽参数来适应老版设备（外施二遥故障指示器、单相接地信号源脉宽和时间间隔参数都可以修改），如同母线线路中一遥、二遥故障指示器混装，或者二遥指示器配合老版的不对称电流源使用都要使用旧脉宽和时间间隔参数。

b. "接地参数—新脉宽运行 . txt"使用范围：同母线线路安装的信号源和故障指示器都是新版单相接地信号源，以及外施二遥故障指示器，则使用新的脉宽和时间间隔参数。

注意：调试时信号源的脉宽和时间间隔参数都要检查，确保与故障指示器对应。

导入文件写入成功后，读取检查几个关键参数，如下：

a. "其他参数"：翻牌复归时间为 1440（min）、电场下限值 100（V/m）。

b. "接地参数"：有源电场低值 300（V/m）、有源接地突变值 9（A）、新脉宽接地参数的"脉冲时间 T_1 为 800（ms）、脉冲时间 T_2 为 1000（ms）"、旧脉宽接地参数的"脉冲时间 T_1 为 1000（ms）、脉冲时间 T_2 为 1250（ms）"（纯二遥线路用"接地参数—新脉宽运行 . txt"，一、二遥混装或纯一遥用接地参数—旧脉宽运行 . txt）。

c. "遥测参数"：上传间隔 3600（s）。

2）指示器配置文件导入方法。通过接口中"打开文件"找到配置文件所在路径，选择对应的配置文件即可，主要其他参数、接地参数、遥测参数三类文件要与参数界面对应，不要选择错误，写入后读取验证，如图 C.2-2 所示。

特别强调：如同母线线路中一遥、二遥故障指示器混装，或者二遥故障指示器配合老版的不对称电流源使用，都要使用旧脉宽和时间间隔参数；同母线线路安装的信号源和故障指示器都是新版单相接地信号源及外施二遥故障指示器，则使用新的脉宽和时间间隔参数。

图 C.2-2　指示器配置文件导入

注意：所有涉及参数修改的，均要先读取参数，再写入参数，再读取参数，即"读—写—读"，确保参数下发成功。

3）点击"强制复归"，指示器参数修改完毕，如图 C.2-3 所示。

图 C.2-3　故障指示器强制复归

C.2.2　转发站配置

（1）将外施汇集单元串口线与汇集单元调试线连接，一端连电脑、另一端连转发站，给转发站上电，根据转发站版本选择相应的外施转发站维护软件。维护软件如图 C.2-4 所示。

图 C.2-4　转发站维护软件

（2）平台及软件的选用：5438 平台转发站波特率设 9600；476 平台、67791A 平台波特率设 115200，打开串口—初始化后，在协议参数里读取设备版本号，选择对应平台的软件（转发站：SV03.010 190109；转发站：SV03.010 4760329；转发站 SV03.010 4760508），如图 C.2-5 所示。

图 C.2-5 转发站波特率设置

（3）选择对应串口、波特率，打开串口，点击初始化，如图 C.2-6 所示。

图 C.2-6 初始化设置

图 C.2-7 所示表示初始化成功。

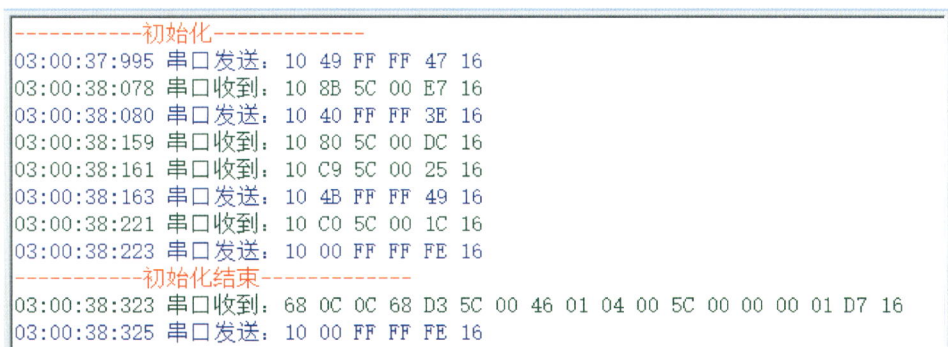

图 C.2-7 初始化成功

图 C.2-8 所示表示初始化失败（检查调试线连接有无问题，转发站是否上电，调试线是否插入对应的插槽）。

图 C.2-8　初始化失败

初始化成功后选择对应平台的点表配置文件，点击"载入文件"，对话框会弹出"载入成功"，表示配置文件已同步到软件，如图 C.2-9 所示。

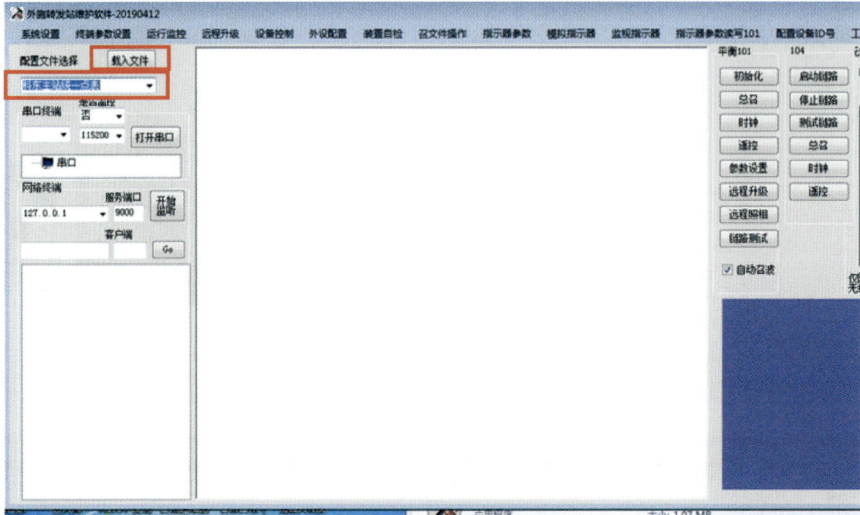

图 C.2-9　点表配置文件载入

（4）点表参数同步到软件后选择"终端参数设置"——"点表配置"，输入前期定好的链路地址（链路地址与子站保持一致即可，不能重复），点击"带链路地址全部参数下发"，如图 C.2-10 所示。

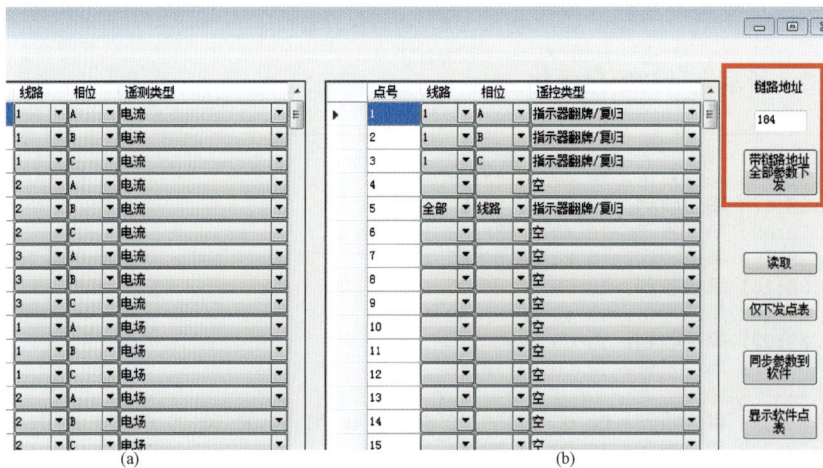

图 C.2-10　参数下发

（a）遥测点表；（b）遥控点表

根据点表里的设定，设置遥控选项，如图 C.2-11 所示。

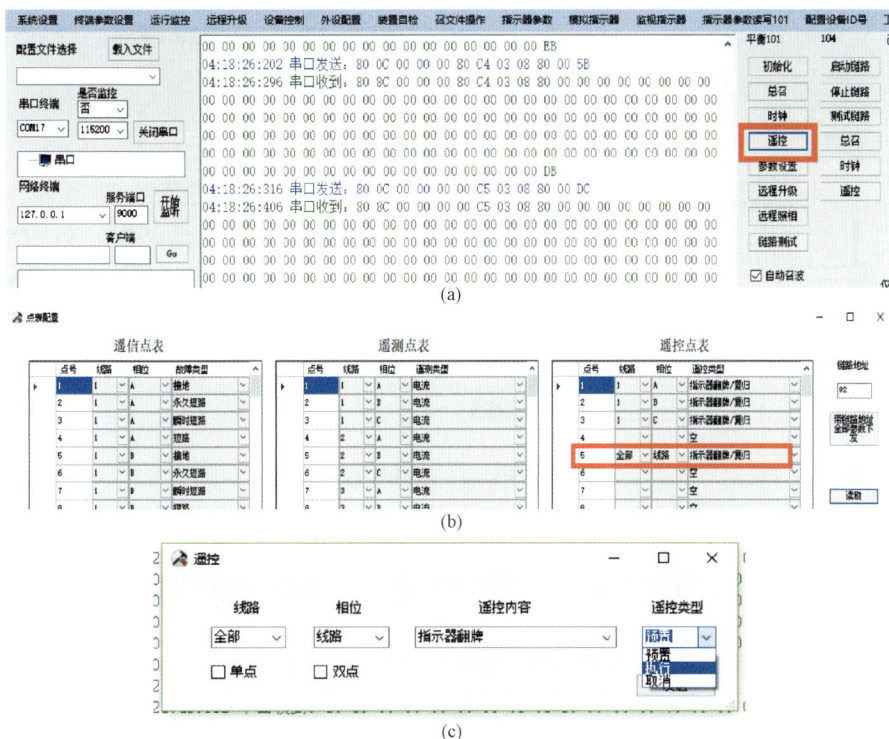

图 C.2-11　遥控设置

（a）遥控配置选项；（b）三遥点表配置；（c）遥控执行

（5）最后点击"设备控制"里的"设备重启"。

C.2.3　通信模块调试

以映翰通为例，软件名称为 DTU，通过 USB 转 RS-232 线连接。

（1）选择相应的串口（打开电脑设备管理，将 USB 转 RS-232 连接到电脑，查看端口）和波特率，勾选自动串口，点击"连接"，如图 C.2-12 所示。

图 C.2-12　串口和波特率设置

显示如图 C.2-13 所示界面说明连接成功。

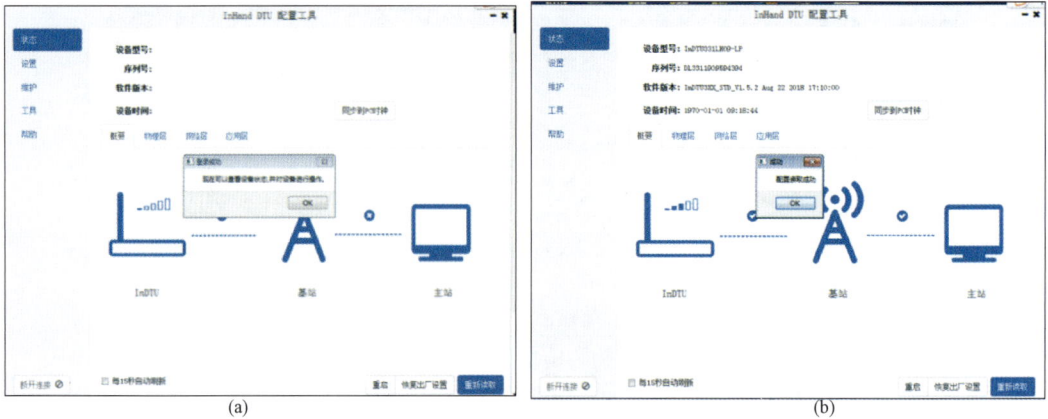

图 C.2-13　通信模块连接成功

（a）设备可操作提示；（b）配置读取成功

（2）连接成功后，点"设置"—"从文件导入"，选择对应的映翰通信配置文件导入，如图 C.2-14 所示。

图 C.2-14　配置文件导入

（3）选择对应的配置文件，当提示"导入配置成功"，说明配置文件下发成功，如图 C.2-15 所示。

注意：最好将配置文件放在根目录下（默认 C 盘根目录），层级太多可能会导致导入不成功的情况。

（4）点击"保存配置"后点击"重启"，重启后重新连接软件，如图 C.2-16 所示。

（5）重新连接软件成功后点击"读取配置"，如图 C.2-17 所示。

图 C. 2-15 配置文件导入成功

图 C. 2-16 软件重启

（a）保存配置；（b）软件重启

图 C. 2-17 读取配置

（a）SIM 卡设置；（b）企业网关设置

注意：文件配置导入完成后务必记得读取配置，确保参数下发成功！

C.2.4　其他

（1）67791A平台转发站主板程序升级（原版为181213的不用升级；原版为190109的需要升级到最新的190320版本程序），注意不要升级错误。

1）工具。汇集单元串口线1条，电脑1台，汇集单元调试线。

2）步骤。首先点击"串口设置"，将波特率调至为"115200"，打开串口设置，然后点击初始化后出现报文，如图C.2-18所示。

图C.2-18　串口设置及初始化

再点击"远程升级"，选择启动升级，如图C.2-19所示。

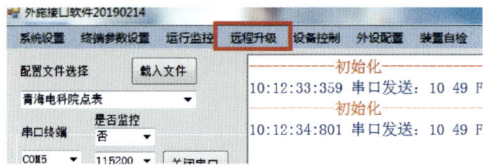

图C.2-19　远程升级启动

进入界面后打开"浏览"，选择正确的升级文件，然后点击快速升级后下发文件，如图C.2-20所示。

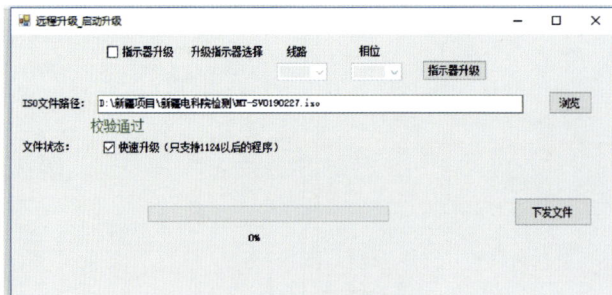

图C.2-20　升级文件选择

升级完成后等待运行灯亮，升级结束。

（2）故障指示器组地址频点修改。

1）打开"二遥批量测试接口软件 V2.44-911"。

2）插入搜索工装，选择串口，激活要修改的指示器，点击搜索。

3）搜索成功后点击"指示器 FR 设置"，界面如图 C.2-21 所示。

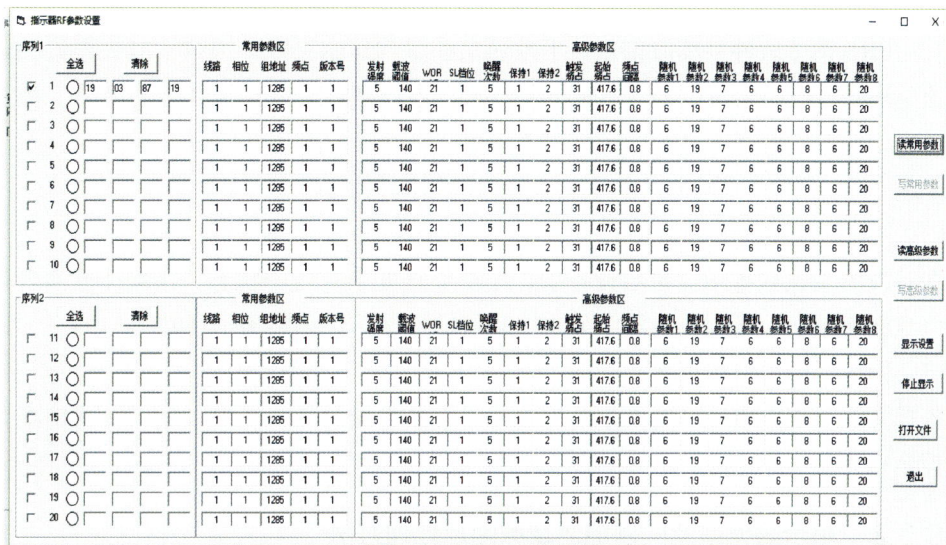

图 C.2-21　指示器 FR 设置

先读取常用参数，然后修改组地址、频点（A、B、C，对应的相位分别为 1、2、3），如图 C.2-22 所示。最后在确认参数修改无误后强制复归，修改完毕。

图 C.2-22　指示器组地址、频点修改

C.3　现场常见问题汇总及处理方法

C.3.1　设备离线问题描述及原因及处理方法

C.3.1.1　通信配置问题

在 GPRS 调试软件中重启设备后读取不到入网 IP 和登录 IP，可判断为通信配置异常导致。

处理方法：核对端口号后重新修改通信配置（可重复多次），并重启设备。

C.3.1.2　卡和卡槽问题

因卡槽松动，导致卡与卡槽接触不良。在 GPRS 调试软件中重启设备后模块状态和

入网状态显示关机，可判断为卡和卡槽接触不良导致。

处理方法：将卡拔下，把卡槽里的六个铜片依次用指甲轻轻垂直向上抠起一点（建议不要使用工具，以免把铜片抠断，导致模块不能使用），然后重新插回卡并重启设备即可。

C.3.1.3 电池电量过低

在 GPRS 调试软件中读取信息，下发通信配置均显示失败，因树木或大楼遮挡，光伏板给电池充电时间太短，导致电池电量过低，设备离线。通信模块上的四个二极管时亮时不亮，转发站外壳下方的指示灯闪烁频繁，可判断为电量过低导致。

处理方法：需联系供电公司人员协调更换转发站安装位置。

C.3.1.4 通信模块损坏

在 GPRS 调试软件中点重启设备后，模块一直处于重启中状态。在保证电池电量充足，电源模块正常，通信模块与主板连接紧密的情况下，如果通信模块上的四个二极管均不亮，则可判断为模块损坏。

处理方法：更换模块（更换模块后在台账中核查端口号，然后重新下发通信配置并重启设备）。

C.3.2 指示器无遥测问题描述及原因及处理方法

C.3.2.1 点表导致无遥测

如现场指示器无翻牌，也无遥测，可初步判断为点表配置异常。

处理方法：重新下发点表与链路地址，可多下发几次，下发后重启设备。遥控指示器使其全部翻牌，翻牌后等待 1~3min 将其全部复归，再次读取遥测信息。若仍无遥测，可打开指示器调试软件，搜索指示器，全部搜到后再次将其翻牌复归，之后重启转发站调试软件，再次读取遥测。

C.3.2.2 指示器原因导致无遥测

如果频点组地址一致，现场用转发站调试软件遥控指示器，有一项或者几项无法遥控，可再次使用指示器调试软件强制搜索，搜到几相翻牌几相，若还是无法遥控的那几相未被搜到，则可初步判断为指示器损坏。

处理方法：需更换指示器。

如现场有一相或几相指示器处于翻牌状态，也可使用上述方法解决。